山东耕地质量评价与应用丛书

牡丹区土壤

○ 张 杰 主编

中国农业科学技术出版社

图书在版编目（CIP）数据

牡丹区土壤 / 张杰主编. —北京：中国农业科学技术出版社，2015.1
ISBN 978-7-5116-1980-8

Ⅰ.①牡…　Ⅱ.①张…　Ⅲ.①区（城市）-土壤资源-资源调查-
菏泽市　Ⅳ.①S159.252.3

中国版本图书馆 CIP 数据核字（2015）第 009671 号

责任编辑	张孝安
责任校对	李向荣

出 版 者	中国农业科学技术出版社
	北京市中关村南大街 12 号　邮编：100081
电　　话	（010）82109708（编辑室）　（010）82109704（发行部）
	（010）82109709（读者服务部）
传　　真	（010）82106650
网　　址	http://www.castp.cn
经 销 者	各地新华书店
印 刷 者	北京富泰印刷有限责任公司
开　　本	787 mm×1 092 mm　　1/16
印　　张	9.5　彩插　20 面
字　　数	210 千字
版　　次	2015 年 1 月第 1 版　2015 年 1 月第 1 次印刷
定　　价	40.00 元

作者简介

　　张杰，高级农艺师。1990年毕业于沈阳农业大学，毕业后一直从事农业技术推广工作，1992年至今一直在菏泽市牡丹区土壤肥料工作站从事土壤肥料工作。2005年至今先后承担了山东省"两减三保"项目和农业部测土配方施肥项目，参与了农田高效节水技术示范与推广项目和菏泽市土壤养分资源研究与综合利用项目。"农田高效节水技术示范与推广"项目获全国农牧渔业丰收奖一等奖（第十完成人），"菏泽市土壤养分资源研究与综合利用"项目获菏泽市科技进步奖一等奖（第四完成人）。

《牡丹区土壤》
编辑委员会

前　言

PREFACE

　　土地是人类赖以生存的基础，耕地是农业乃至人类生产、生存的物质基础和保障，耕地资源的好坏直接影响农业的生产发展和人类的生存质量。

　　《牡丹区土壤》共分两部分，第一部分是在实施农业部测土配方施肥项目、推广配方施肥技术的同时，注重生产实践、数据积累和理论研究。在大量采样调查数据中，按照"科学性、代表性、准确性"的原则对筛选出的2 167个（组）样品（数据）进行分析，参考了《菏泽县土壤志》及菏泽县第二次土壤普查的相关资料，分析牡丹区自然环境和生产活动对牡丹区耕地的影响，在山东省土壤肥料总站、山东农业大学资源与环境学院的指导帮助下，完成了牡丹区耕地地力评价，指明了牡丹区耕地资源改良利用方向。牡丹区耕地自然环境条件改良利用的主要方向为改善灌溉方式、防止土壤的次生盐渍化。牡丹区土体整治的重点应着力于改善土体构型，宜采取秸秆还田、增施有机肥料、深松深耕等措施，改良土壤表层质地及不良的土体结构。牡丹区耕地土壤培肥改良的主要方向为有针对性地增施有机肥料和钾肥，合理施用氮肥、磷肥，适量补充硫、硼及锌等中微量元素，不断培育耕地地力，协调耕层土壤的供肥能力。第二部分是在总结牡丹区人民长期生产实践的基础上，根据近几年配方施肥试验示范成果提出了进一步加强耕地质量建设的技术措施，具有一定的实用性，对指导人们合理利用耕地资源，提高农作物产量和品质，实现农业可持续发展，提高和改善人类的生存、生活质量都具有一定的作用。

　　由于编著者水平所限，书中难免有不妥之处，请予以指正。

编著者

2014 年 6 月

目 录

CONTENTS

第一篇　耕地资源状况

第二篇 耕地资源管理

第一篇　耕地资源状况

第一章　自然与农业生产概况

第一节　自然条件

一、基本概况

(一) 地理位置

牡丹区位于山东省的西南部,北纬 35°03′~35°28′,东经 115°11′~115°47′。隶属山东省菏泽市。北邻鄄城、东接郓城、巨野,南与定陶、曹县接壤;西与东明相连,西北一隅濒临黄河,与河南省濮阳市隔河相望。东北距省会济南市 240km,北距鄄城区 37km,东南距定陶 22km,西距东明城 33.5km,南北纵距 48km,东西横距 55.5km,总面积 1 249km²。

(二) 区划

牡丹区历史悠久,清雍正十三年 (1735 年) 升曹州府,设附郭区,赐名菏泽。民国时期,菏泽区先后属济宁道、曹濮道。1932 年改称菏泽"实验区"。1946 年 2 月设立区级菏泽市,当年 11 月撤市改区。1960 年 1 月 20 日,复改为区级菏泽市,1963 年又改市为区。1983 年 9 月再次改为区级市。2001 年 1 月撤销菏泽地区,设立地级菏泽市,区级菏泽市随之改为牡丹区,隶属菏泽市管辖。

1958 年 9 月,菏泽全区实现人民公社化。区辖 12 处人民公社。1983 年 12 月,改公社为乡镇,菏泽市划分为 6 个农村办事处。下辖 11 个镇,21 个乡;另设 5 个城区办事处。1986 年区级菏泽市辖 20 个乡,11 个镇,5 个城区办事处。1995 年 12 月调整为 18 个乡、11 个镇、7 个城区街道办事处。1996 年 2 月调整为 15 个乡、14 个镇、7 个城区街道办事处。2000 年 1 月菏泽市改为牡丹区。由 (36 个乡、镇、办事处改设为 24 个乡镇办事处,同时将牡丹区所辖的丹阳办事处、岳程办事处、佃户屯办事处划入菏泽市开发区管辖。) 至 2005 年年底牡丹区辖 14 个乡镇、7 个街道办事处。即马岭岗镇、黄堽镇、小留镇、吴店镇、吕陵镇、李村镇、高庄镇、沙土镇、安兴镇、王浩屯镇、

1

都司镇、大黄集镇、胡集乡、皇镇乡、东城办事处、西城办事处、南城办事处、北城办事处、牡丹办事处、何楼办事处和万福办事处。共计 638 行政村，1 770 个自然村。2008 年年底农业人口 89.9392 万人，耕地面积 73 521.5hm²，人均 0.082hm²。

二、地质地貌

牡丹区是由黄河多次决口改道冲积而成的平原，整个地形大平小不平。西部地势稍高，东部稍低，高差 11.5m，坡降为 1/8 000。

牡丹区土壤属第四纪沉积物，经黄河搬运、泛滥和淤积，在气象、潜水、生物及人类生产活动的共作用下，不断地发展变化。特别是 1926 年东明区刘庄黄河决口和 1939 年的鄄城临濮黄河决口，不仅造成牡丹区的地形、地貌现状，也造就了全区土壤的物质基础。

（一）地质

牡丹区在大地构造单元上属华北地台（一级），鲁西台背斜（二级）郓城—徐州拗断带中部偏西（三级）。牡丹区四周为断层所切割。北部为东西向的郓城正断层所切；东部为南北向的曹区断层所切；中部为东西向的菏泽正断层所割；西部为东北管见所及聊考正断层所切；南部为凫山断层所切，正处于定陶左隆起的北翼。中新生代（喜马拉雅期）以来，地壳呈断块状下沉，上部全为第四系地层所覆盖。牡丹区第三层（R）和第四系（Q）地层界限不易区分，一般第三、第四系（E＋Q）沉积厚度为700～900m，分别不整合在奥陶系、石碳系、二叠系之上。

牡丹区第四系沉积物为山前河道式，大陆湖泊式和河流冲积式沉积。由下而上可分 3 个旋回：下部（未见底）主要是细沙、粉沙、黏质沙土、沙质黏土（含姜石）和黏土，厚度 250m，多为红色、紫红色的碎屑岩；中部是细沙、极细沙、粉沙、沙质黏土（含石膏）、结晶石膏（厚 0.8m）、黏土等，厚度 110～600m，主要为灰色、灰绿色的碎屑沉积和化学沉积物；上部是中沙、细沙、沙质黏土（含姜石）、黏土（含姜石），厚度 20～110m，多为紫红色和灰黄色的碎屑岩、裂隙黏土，粉细沙和中沙是上部的主要含水层。

地下水垂直分布，分为两层结构（上咸—下淡）和 3 层结构（上淡—中咸—下淡）两种形式。上部为河流冲击淡水型，中部为大陆湖泊泻湖咸水型，下部为山前冲击淡水型。

牡丹区的表层土可分为 5 个土属。其中，生产性能较好的是褐土化潮土，主要分布在赵王河两侧和河滩高地，无盐碱威胁，宜种粮食和特产作物，居全市土壤之首；其次是壤质和黏质土壤（蒙金地）。它通透性很强，保水保肥好，抗涝渍强，属高产、稳产土壤型。以上两种土壤共 3.37 万 hm²，占全市总耕地面积的 31.6%。潮土土属，面积较大，质地以轻壤最多，约 6.93 万 hm²，占总耕地面积的 60% 以上；紫沙和纯黏土质很少，约 0.33 万 hm²，占总耕地面积的 3%。

（二）地貌

牡丹区属黄河冲积平原。地势西南高东北低，平均坡降约为 1/8 000。黄河决口泛滥对于牡丹区地形的改造，具有决定性的影响。

根据《菏泽市志》记载，凡黄河决口改道涉及牡丹区的，自汉文帝以来47次。特别是1926年的东明区刘庄处决口，主洪道沿曹区和定陶北境东下，侧流受老赵王河阻隔北折，形成今天的沙河河滩高地和两侧的缓平坡地。赵王河为古河滩高地，在沙河河滩高地和赵王河河滩高地之间，洪水流速减弱，静水沉积，形成了现在的何楼办事处的曲庄洼。1939年，鄄城区监濮决口，形成了胡集乡北部的扇形地，同时主洪道赵王河的阻挡，大股南漫，水迫城外，形成现今城北部的缓平坡地。在这两次决口的冲积溜道之间，形成了一条东西走向的浅平洼地，因此，全区地形从北向南，岗洼相间，呈带状分布。由于河流的股流沉积，同时也由于境内河流的决口冲积，在缓平坡地上又出现了一些小局部洼地。因为这些局部洼地四周地势较高，呈碟形分布，故又称，碟形洼地。

经过这两次黄河决口之后，今天的地形地貌已基本固定。根据地势地貌特点，将牡丹区全区地貌分成8个类型区（表1-1）。

表1-1　牡丹区地貌类型

名称	面积(hm²)	所占(%)	分布范围	特征	高程	比降	潜水埋深(m)	质地
河滩高地	11 875	8.5	黄河滩地，赵王河古道两侧，陈汉河上、下游两侧，沙河古道两侧	①多年古河道长年淤积而成，呈条带状。②两侧均呈现较陡坡地	54.6～58.3 48～52.8 47～50	1/4 000 1/1 000 1/1 000	>4 >3 >3	沙淤相间 均沙 均壤 轻壤质
沙丘高地	630	0.5	圈头西部，汲菜园周围，郅庄周围等处	多个孤立沙丘黄河冲积风貌地形	一般高出周围地形2～3m		>5	松沙
决口扇形地	1 732.5	1.2	胡集北部	地势较高，坡度平缓，易于风蚀	48～48.5	1/4 000	>3	松沙
缓平坡地	87 955	62.8	河槽地之间	面积较大，地面坡平	46～55	1/6 500	>2	壤质
陡坡			河滩高地与洼地之间	带状分布，易碱化		1/3 000	2左右	壤黏相间
潜平洼地	27 500	19.6	河套地区	呈阶梯相连，地面平缓		1/7 000	2左右	黏
碟形洼地	4 967.5	3.5	河滩高地间	碟状，面积较小			2左右	多种
河槽地	4 302.5	3.2	西北部	多系黄河冲积溜道，呈河槽状		纵向平缓，横向较陡	<2	多种
背河槽洼地	103 751	0.7	黄河大堤外侧	沿大堤分布			<2	多种

三、气候条件

(一) 气温

牡丹区地处中纬度地区，位于太行山与泰山、沂山之间的南北走向狭道之中，属温带季风型大陆性气候，主要特点夏热冬冷，四季分明（表1-2）。春季（3~5月）由于温度回升迅速，风速大，土壤水分蒸发快，常出现春旱；夏季（6~8月）炎热多雨，常有暴雨成灾，旱涝交替出现，以涝为主；秋季（9~11月）气温下降，降水减少，天气凉爽，日照充足，雨季结束；冬季（12月至翌年2月）多偏北风，降水较少，气候干冷。全年光照充足，热量丰富，温差较大，无霜降期长，雨热匹配较好，雨热同季，适于各种作物生长。

气温特点：冬季寒冷，夏季炎热，春秋适中，日、年温差较大。

表1-2　四季平均气温

季别	春（3~5月）	夏（6~8月）	秋（9~11月）	冬（12至翌年2月）
平均气温	14.2℃	26.1℃	13.8℃	0.5℃

牡丹区历年平均气温为13.8℃，1~7月为升温过程，7月为最热月，平均气温为27.0℃，历年极端最高气温为42.0℃（1967年6月6日）。8~12月为降温过程，1月为最冷月，平均气温为-1.3℃，历年极端最低气温为-20.4℃（1955年1月9日和12日）。全年大于0℃积温5 068.3℃，大于和等于10℃积温4 556.8℃，大于和等于15℃的积温3 889.1℃。各月间气温变化，以秋季降温较快，11月平均气温比10月降低7.4℃；4月气温回升最快，平均气温比3月升高7.2℃；7~8月变化最小，仅有1.2℃。每年4~10月各月平均气温均高于年平均值的13.8℃，其余各月均低于年平均值。气温历年平均日较差为10.4℃。春季5月日较差最大，平均为12.0℃；夏季7~8月日较差最小，平均为8.6℃。气温年较差历年平均为28.6℃。

年际平均气温变化特点和趋势：①年平均气温年际变化较大，变化范围最大可达2.0℃。1956年最低（12.6℃），1998年最高（15.1℃）。②年平均气温年际变化大致有3~5年一周期的特点，即出现1~2个低温年（低于历年平均值）后，则有3~5年的连续高温年（高于历年平均值）。③年平均气温有逐年升高和年较差变小的趋势。1954—1972年年平均气温为13.5℃，而1973—1985年年平均气温为13.7℃，升高0.2℃，1986—2005年平均气温为14.2℃又升高0.5℃。

20世纪70年代以来，冬天变得比过去较暖。1954—1973年1月平均气温为-1.9℃，而1973—1985年1月平均气温-1.2℃；1986—2005年1月平均气温为-0.3℃；夏天由过去的不太热又逐步变得热起来，1954—1973年7月月平均气温为27.2℃，1973—1985年7月月平均气温为26.5℃，1986—2005年7月月平均气温为27.2℃。

无霜期历年平均为213d，牡丹区霜冻初日平均出现在10月30日，终霜日在4月1日，霜冻期平均153d。霜冻出现最早日期10月30日，最迟出现在11月21日，终霜期最早出现在 3 月 13 日，最晚出现在 4 月 20 日。

1986—2005 年的气候概况：春旱少雨，南北风频繁交替，气温回升快，春夏过渡迅速；夏季高温高湿，以偏南风为主，降雨比较集中；秋季雨量逐渐减少，以偏北风为主，降温较快；冬季雨雪较少，多偏北风，气候干冷。全年光照充足，热量丰富，雨热同季，适于农作物生长，但降雨时空分配不均，异常天气较多。气温有偏暖走势，极端温度（最高、最低）有减弱趋势，大风时数和最大风速明显减小。

1986—2005 年，牡丹区累年平均气温 14.2℃（表 1-3），年平均气温最高值 15.1℃（1998 年），最小值 13.6℃（1986 年、1991 年），年际较差最大值 31.2℃（2000 年）。

表 1-3　1986—2005 年各月平均温度及日较差

类别＼月	1	2	3	4	5	6	7	8	9	10	11	12	年均
平均气温（℃）	-0.3	3.0	8.2	15.3	20.4	25.5	27.2	25.7	21.3	15.0	7.5	1.5	14.2
平均最高（℃）	4.8	8.6	14.0	21.4	26.3	31.3	31.8	30.4	26.9	21.3	13.4	6.5	19.7
平均最低（℃）	-4.0	-1.3	3.5	10.1	15.1	20.2	23.3	22.0	16.8	10.2	3.1	-2.2	9.7
平均日较差（℃）	8.8	9.9	10.5	11.3	11.2	11.1	8.5	8.4	10.1	11.1	10.3	8.7	10.0

全年气温平均日较差 10.0℃，最大值 11.3℃，春秋日较差较大，为 11.3～10.3℃，冬、夏日较差较小，为 8.7～11.1℃。

极端最高气温 40.9℃，出现在 2005 年 6 月 23 日。极端最低气温 -16.5℃，出现在 1990 年 1 月 31 日（表 1-4）。

表 1-4　各月极端温度

类别＼月		1	2	3	4	5	6	7	8	9	10	11	12	年均
极端最高（℃）		15.1	25.4	27.2	34.1	35.6	40.9	40.8	37.6	36.5	34.6	26.8	20.6	31.3
出现日期	（年）	1999	1996	2003	2005	2002	2005	2002	2005	2002	1998	1991	1989	
	（日）	26	13	30	28	31	23	15	12	1	1	2	3	
极端最低（℃）		-16.5	-14.1	-8.5	-0.2	5.2	11.4	17.8	15.0	6.8	-1.3	-12.9	-13.4	-1.7
出现日期	（年）	1990	1990	1992	1998	1987	1997	1986	1996	1995	1986	1993	1991	
	（日）	31	1	5	1	3	1	5	28	27	29	21	28	

（二）日照

牡丹区全年日照时数历年平均为 2 441.8h，日照百分率（实际日照时数和可照时数的百分比）历年平均为 55%，6 月日照时数最多，平均为 255.2h，日照百分率平均为 59%；12 月日照时数最少，平均为 155.8h，日照百分率平均为 51%；7 月雨季开始，云量增多，日照百分率为全年最低，仅 50.3%；3～10 月各月日照时数均在 200h 以上，光照比较充足。

1986—2005 年，牡丹区平均日照时数 2298.8h，最多 2512.3h（1986 年），最少

2081.8h（2003年），平均日照百分率52％，全年中日照百分率最大值57％（4月），最小46％（7月）（表1-5）。

表1-5　日照时数和日照百分率统计

月 类别	1	2	3	4	5	6	7	8	9	10	11	12	年均
日照时数	151.6	155.5	191.6	222.6	243.5	231.1	204.2	207.3	198.6	192.5	162.8	137.8	2 298.8
日照百分率 （％）	49	51	52	57	56	53	46	50	54	55	53	46	52

（三）地温和冻土

1. 地温

牡丹区地面温度历年平均为15.7℃，6~7月最高，平均为29.6℃和30.1℃，地面极端最高地面温度67.1℃（分别出现在1962年7月17、1979年6月16日、1987年8月7日）。1月份最低，历年平均为-0.8℃，地面极端最低温度为-24.5℃，（出现在1990年1月31日）。地面温度稳定通过0℃的初日平均为2月9日，终日平均为12月17日，间隔天数为310d。

1986—2005年，牡丹区年平均地面温度16.1℃；7月最高30.7℃，1月份最低-0.5℃；地面极端最高67.1℃（1987年8月7日），极端最低-24.5℃（1990年1月31日）（表1-6）。

表1-6　平均地面温度

月 类别	1	2	3	4	5	6	7	8	9	10	11	12	年均
平均地温℃	-0.5	3.5	9.7	18.4	24.3	29.5	30.7	28.7	23.8	16.3	7.4	1.1	16.1

牡丹区5cm深地温，历年3月和4月平均为8.2℃和15.3℃。棉花、玉米播种期的温度指标是5cm地温稳定通过14℃。牡丹区5cm地温稳定通过14℃的初日平均在4月17日，因此，棉花、玉米的适时播种日期在4月中旬。

2. 冻土

牡丹区10cm深土壤冻结日期历年平均在1月10日，平均解冻日期在1月30日。最早冻结日期平均在12月24日，解冻最早日期平均在1月3日；最晚冻结日期平均在2月12日，最晚解冻日期平均在2月26日。最大冻土深度为35cm（出现在1957年2月13日）。

（四）降水与蒸发

牡丹区历年平均降水量为646.2mm。境内雨量分布一般由东南向西北递减。由于受季风的影响，降水量四季分配不均，年际间变化较大。具有春旱、夏涝、晚秋旱的规律。

1. 牡丹区降水特征

（1）年际变化较大。最多的1971年降水量为987.8mm，最少的1986年仅353.2mm，最多的年份是最少年份的 2.8 倍，根据 1954—2005 年 52 年的降水量统计，降水量有减少的趋势。1954—1964 年平均降水量为 742.5mm；1965—1974 年平均降水量为 667.8mm；1975—1985 年平均降水量为 631.6mm；1986 年至 2005 年平均降水量为 593.6mm。

（2）降水量月、季分布不均，降水量变化大，夏季（6～8 月）最多，平均为 384.8mm，占全年降水量的 59.6%；冬季最少（12 月至翌年 2 月），平均只有 23.1mm，占全年总降水量的 3.7%；秋季（9～11 月）平均为 132.0mm，占全年总降水量的 20.5%；春季（3～5月）平均为 102.8mm，占全年总降水量的 16.0%。各月降水量也不均匀，一年中以 7 月降水量为最多，平均为 180.1mm，占全年降水量的 27.9%；1 月最少，平均为 8.0mm，占全年降水量的 1.4%。一般雨季从 6 月开始，到 8 月下旬基本结束。

（3）降水日数少，降水强度大，降水的利用价值低，连旱日数长。全区历年平均降水日数（日降水量≥0.1mm）为 77.3d，最多年份为 117d（1964 年），最少年份为 61d（1965 年）。对农业生产有作用的有效降雨日数（日降水量≥5.0mm），历年平均只有 27.7d，其中，6～9 月为 17.0d，占全年的 61.4%；俗称"透雨"（日降水量≥25.0mm）的降水日数，历年平均仅有 7.2d，而且只有 3～11 月才出现，其中，7 月、8 两个月为 4.2d，占全年的 58%（表 1-7）。

表 1-7 牡丹区历年降水量 （单位：mm）

年份	1954	1955	1956	1957	1958	1959	1960	1961	1962	1963
降雨量	796.2	671.8	721.3	857	744	461.1	780.9	650.5	717.8	830.3
年份	1964	1965	1966	1967	1968	1969	1970	1971	1972	1973
降雨量	895.1	482.8	389.8	954.0	526.5	700.4	565.5	987.6	676.2	725.2
年份	1974	1975	1976	1977	1978	1979	1980	1981	1982	1983
降雨量	631.7	480.6	661.3	656.0	581.8	553.9	665.7	442.7	561.0	623.1
年份	1984	1985	1986	1987	1988	1989	1990	1991	1992	1993
降雨量	925.8	795.1	353.2	607.4	364.5	524.9	675.6	420.0	579.4	853.4
年份	1994	1995	1996	1997	1998	1999	2000	2001	2002	2003
降雨量	645.7	660.0	560.5	472.6	639.8	488.5	646.9	430.5	390.0	884.3
年份	2004	2005								
降雨量	841.2	834.6								

（4）雨季开始和结束时间变化大。牡丹区雨季开始日期平均在 6 月 30 日，最早为 6 月 1 日（1954 年），最晚为 7 月 25 日（1975 年）；结束日期平均在 9 月 5 日，最早在 7 月 19 日（1957 年），最晚在 10 月 3 日（1974 年）。雨季平均持续日数为 67.3d，最长为 106d（1961），最短为 15d（1959 年）。雨季降水集中，强度大，易发生涝灾。

（5）降雪较少。历年平均降雪日数为 9.2d，最多年为 23d（1968 年），最少年为 2d（1964 年）。最大降雪量为 22.6mm（1954 年 11 月 26 日），最长连续降雪日数为 5d。

1986—2005 年，牡丹区平均降水量 593.6mm，最大降水量 884.3mm（出现在 2003 年），最少降水量 353.2mm（出现在 1986 年），降水的年际变幅较大（表 1-8）。

表 1-8 逐年降水量统计 （单位：mm）

年份	1986	1987	1988	1989	1990	1991	1992	1993	1994	1995
降水量	353.2	607.4	364.5	524.9	675.6	420.0	579.4	853.4	645.7	660.0
年份	1996	1997	1998	1999	2000	2001	2002	2003	2004	2005
降水量	560.5	472.6	639.8	488.5	646.9	430.5	390	884.3	841.2	834.6

一年内，各季、月雨量分布相差很大，夏季最多，平均 341.5mm，秋季次之 121.8mm，春季 101.2mm，冬季最少 20.1mm，冬春季降水年际变幅较大，冬季无雨、春季 10mm 以下降水的年份不鲜见（表 1-9）。

表 1-9 各季、月平均降水量统计 （单位：mm）

季\月\项目	春			夏			秋			冬			年均
	3	4	5	6	7	8	9	10	11	12	1	2	
降水	23.0	23.8	54.4	68.2	152.2	121.1	63.9	37.7	20.1	9.5	8.7	11.1	593.6
		101.2			341.5			121.8			20.1		
月最多（年）	69.6	76.2	145.6	170.7	396.8	253.0	272.9	138.9	87.1	36.1	37.8	39.2	884.3
	1998	1994	1998	2005	2004	1995	2005	2003	1993	2002	1989	1990	2003
月最少（年）	0.1	3.5	2.0	12.2	33.9	30.9	1.8	0.3	0.0	0.0	0.0	0.0	
	2001	1986	2001	1988	1986	1988	1998	1997	1988	1987 1993 1995 1999	1986 1995 1999 2005	1986 1995 1999 2002	

2. 蒸发量

牡丹区历年平均蒸发量为 1 676.6mm，最大年蒸发量为 2 139.7mm（1966 年），最小年蒸发量为 1 318.6mm，年较差为 821.1 mm。蒸发量在年内的变化很大。月蒸发量以 6 月为最大，历年平均为 286.1mm；1 月蒸发量最小，历年平均只有 44.0mm。在 3～5 月（春灌期），历年蒸发量为 549.6mm；6～9 月（汛期）历年平均蒸发量为 793.3mm。牡丹区蒸发量大大超过降水量，而且不协调。这是易发生干旱的主要原因之一。

（五）风向与风速

牡丹区全年主导风向为南风和北风，历年平均频率为 11%，其次为南西南风和北东北风，其频率均为 8%、静风的平均频率为 17%。冬季（1 月）主导风向为北风，平均频率为 13%。春季（4 月）主导风向为南风，平均频率为 14%；北风平均频率为 11%，春季为南北风向的转换季节。夏季（7 月）主导风向为南风，平均频率为 12%。秋季（10 月）与春季一样，是北风和南风的转换季节，北风平均频率为 11%，南风平均频率为 10%。历年平均风速为 2.5m/s。全年中以 4 月风速最大，平均为 3.4m/s，8 月份最小，平均为 1.9m/s。一般上半年大于平均值，下半年小于平均值。全年风力在 8 级（≥17.0m/s）以上的大风日数为 19.3d。最多为 50d（1957 年），最少为 5d（1984 年）。

（六）空气湿度

牡丹区属半湿润区，水分不足。一年中只有 7～8 月两个月属湿润时段，10 月至翌年 5 月属半干燥或干燥时段。历年平均相对湿度（空气中实际水汽含量与同温度下最大水汽含量的百分比）为 69%。相对湿度的年际变化不大，一般在 69%±5% 的范围内。全年以夏季的 7 月和 8 月的平均相对湿度为最大分别为 79% 和 81%；以 6 月最小为 61%；其次是 4 月和 5 月均为 62%。一年内最小的相对湿度为 0%，在 4 月、11 月和 12 月均有出现。

四、河流水文特征

（一）河流

黄河流经牡丹区西北边境 14.9km，多年平均入境水量 428 亿 m^3，境内河流属黄河流域。经过多年连续治理，已形成了以东鱼河北支和洙赵新河为骨干的两个内河水系，共辖支流 27 条。境内干、支流河道总长度 419.23km。

洙赵新河水系，境内长 50km，流域面积 922.19km^2，境内沥水汇入洙赵新河的支流主要有：渔沃河、经一沟、经二沟、韩楼沟、丰产沟、太平溜、安兴河、徐河、洙水河、七里河南支、七里河北支、南底河、老贾河、黑河、老赵王河、临濮沙河、北韩楼沟、张海沟、沙土沟，加上洙赵新河共 19 条。境内总长度 232.32km。

东鱼河北支水系，属东鱼河支流，但它又是接纳牡丹区南半部的唯一干流，东鱼河流经西南边境，长 5.5km，境内流域面积 14.49km^2；东鱼河北支，境内长 20.4km，流域面积 320.67km^2。辖区内的沥水直接流入东鱼河北支的支流有：金堤河、刁屯河、南七里河、沙河、贾河、王秀生河，经一沟南段岗上沟共 8 条。境内总长度 111.01km。

（二）湖泊

牡丹区境内无自然湖泊。今城区内"青年湖"，位于曹州路南侧，广福街西侧，占地面积 14.35 公顷，原属明代修筑城垣时遗留的取土坑，20 世纪 70 年代更名为"青年湖"，后经连通、挖深，并建有供游船过往的拱桥和亭、台、禽雕，已成为重要的水上景点。"万花湖"位于城区东北牡丹办事处，是 20 世纪 80 年代在窑场取土坑的基础上开挖的人工湖，占地面积 17.33hm^2，因地处牡丹花卉基地而得名。

五、自然资源

（一）土地资源

牡丹区境内土地总面积 143 461.78hm^2，耕地面积 95 433.4hm^2，其中，农用地 111 278.13hm^2，建设用地 26 813.76hm^2，未利用土地 5 369.89hm^2，人均土地面积 0.104 8hm^2，人均耕地面积 0.065hm^2。

（二）水资源

牡丹区境内水资源总量 30 621.7万 m³。其中，地表水 8 316.3万 m³，地下水 22 305.4万 m³。可利用水资源总量 43 379.7万 m³，其中，地表水资源可利用量 2 231.9万 m³，地下水可利用量 15 613.8万 m³，客水（黄河水）25 534万 m³。

地表水资源来源于大气降水，控制降水径流主要靠河道节制闸拦蓄和坑塘滞蓄。境内共有河道节制闸 28 座，一次拉蓄降水径流量 1 372.3万 m³，可利用量 960.7万 m³。黄河流经西北边境，长 14.9km，多年平均径流量 362 亿 m³。1991—2005 年，农田灌溉年均引用黄河水 21 424万 m³，东明区谢寨引黄闸向牡丹区年均供水 4 110万 m³。

地下水资源的浅层淡水主要分布在地面以下 2～60m，是域内的主要水资源，地下浅层淡水的可利用量 15 613.8万 m³。地下深层淡水主要分布在地面以下 100～900m，由于长期大量开采，地下深层淡水只可用于特枯水年的居民生活应急水源，不作为可利用水资源。地下微咸水主要分布在地面以下 6～500m，因微咸水质较差，故不作为可利用水资源。

（三）矿藏资源

牡丹区境内地下矿藏丰富，主要有石油、煤、天然气、地热和矿泉水等，开发条件优越，利用前景广阔。石油主要分布在李村镇和高庄镇，与中原油田相通，储量约 2 亿吨。天然气储量约 120 亿 m³，主要分布在李村镇一带。煤主要分布在东北部，与巨野煤层相连。地热资源较为丰富，划分为 3 个地热异常带，包括菏泽市中心地区、佃户屯地区、沙土地区，均属于中低温、地热田。矿泉水资源不太丰富，已发现饮用矿泉水一处——牡丹泉，为含碘、锶、重碳酸氢化物型矿泉水。

（四）生物资源

牡丹区境内畜禽品种资源主要有牛、马、驴、骡、猪、羊、狗、猫、鸡、鸭、鹅、鸽、鹌鹑等，名特家畜家禽有鲁西黄牛、青山羊、小尾寒羊、麻鸡和斗鸡等，其中鲁西黄牛、青山羊和小尾寒羊被誉为"三大国宝"。

植物常见农作物有禾木科、豆科、锦葵科、旋花科等，共 23 类，568 个品种。其中，冬小麦 220 个，玉米 22 个，高粱 12 个，谷子 12 个，大麦 5 个，水稻 5 个，地瓜 12 个，大豆 13 个，棉花 42 个，芝麻 4 个，花生 9 个，麻类 5 个，绿肥类 7 个，蔬菜 89 个，瓜菜 40 个等。除常见农作物外，还有柿、桑等树木和享有盛名的牡丹、芍药、木瓜、山楂、二红杏等以及野生植物和药材。境内林木植物有 51 科，106 属，228 种，其中乔木 112 种，灌木及小乔木 108 种，藤木 8 种。2005 年底林木蓄积量 202 万 m³。

水生动物资源常见鱼类有 4 目，12 科，60 种。其中，鲤形目中的鲤科最多，青鱼、草鱼、马口鱼、赤眼鳟、鱼鲫、日本白鲫、银鲫、秋鲓、鲢、鳙等 30 多种；鲶形目中有鲍科、鲶科、胡子鲶科等。鲈形目中有鳢科、暇虎鱼科、攀鲈科、刺鳅科等；含鳃目中有合鳃科。

六、自然灾害

（一）旱灾

牡丹区境内常年降水量不能满足作物生长需要，多数年份都有不同程度的干旱发生。

1986—2005 年历年平均降水量为 593.7mm，就平均值而言仍不能满足作物的正常需求，而且多数年份达不到平均降水量，再加之降水的时空分布不均匀，几乎每年的不同季节均有干旱发生，其中干旱影响面积大、持续时间长，造成灾害的有 5 年（表 1-10）。

表 1-10 旱灾统计

发生年份	降水情况	发生时段	影响程度
1986	全年降水量为 353.2mm，较历年平均偏少 240mm，是 20 年中最少的一年。冬季（12 月至翌年 2 月）和春季（3～5 月）的 3、4 月共有降水量 31.8mm，特别是 4 月仅有降水量 3.5mm；夏季（6～8 月）的 6～7 月仅有降雨量 61.1mm	冬春夏连旱	严重影响春播、夏种，农季作物生长受到影响致使粮油作物减产
1988	全年降水量为 364.5mm，较历年平均偏少 229mm，夏季降水量 191.1mm，较历年同期平均偏少 150mm，特别是 6 月只有 12.2mm	夏初旱	严重影响夏种
1991	全年降水量为 420.2mm，较历年平均偏少 173.5mm。夏季降水量 168.7mm，较历年同期平均偏少 173.8mm，秋季降水量为 58.5mm，较历年同期平均偏少 63.3mm	夏、秋连旱	农作物减产
2001	全年降水量为 430.5mm，较历年平均偏少 163mm，春季降水量只有 6.7mm，比历年同期平均偏少 94.5mm	春旱	严重影响春播
2002	全年降水量为 390.0mm，较历年平均偏少 203.7mm，夏季降水量仅为 147.1mm，较历年同期平均偏少 194mm	夏旱	影响作物生长发育

（二）涝灾

1986—2005 年，牡丹区境内历年平均降水量 593.7mm，超过平均值的年份有 10 年，其中，降水量超过 800mm 以上的有 4 年，分别在不同季节形成了洪涝灾害。另外，虽然年降水量未超过 800mm，但各季分布不均，也造成了季节性的洪涝灾害。如 1998 年春季降水量达 239.6mm（历年平均 101.2mm），1995 年夏季降水量达 566mm（历年平均 341.5mm），1996 年和 1999 年的秋季降水量分别达到 209.4mm 和 229.4mm（历年平均 121.8mm）。而 1989 年 6 月的连阴雨天气，虽然降水量只有 84.3mm，但持续时间长达 12d（3～14d）之久，又正值麦收期，日照时数几乎为零，已收割和未收割的小麦绝大部分发芽、霉变，致使居民食用发霉面粉达一年之久，就连当年的麦种也是从外地调入，影响之大新中国成立以来少有。

1993 年 7 月 9 日至 8 月 4 日，菏泽市连降暴雨，王浩屯、金堤两乡镇并遭到龙卷风袭击，给人民群众的生命财产造成严重损失。据统计，直接经济损失达 5.12 亿元。7 月 9 日至 19 日，全市连续 5 次遭到暴风雨袭击，平均降雨量 450mm，最大降雨量达 549mm，并伴有 8 级以上大风和冰雹，36 个乡镇办事处有 31 个受灾，尤其严重的有李村、高庄、李庄、白虎、王浩屯、金堤、吕陵、贾坊、吴店、小留等 10 个乡镇。全市 4.68 万 hm² 农作物受灾，成灾面积 4.27 万 hm²，绝产或基本绝产的达 2.8 万 hm²；被水围困的村庄 187 个，倒塌房屋 6 290 间，造成危房 6 200 余间；死 12 人，伤 17 人；死亡大牲畜 1 108 头，家禽 1.3 万只；冲倒刮断树木 14 万棵，淹死树木 246 万棵；

46.67hm² 鱼塘决口，冲坏桥涵闸 223 座；损坏变压器 8 台，轮窑 84 座，小土窑 340 座，砖瓦坯 4.2 亿块（片），刮断输电和通讯线路 147km；122 处乡镇企业被淹，87 处中小学被迫停课。8 月 4 日，全市再降大暴雨，平均降雨量 160mm，最大降雨量 250mm，致使 7 月份灾后补种的 3 万 hm² 晚秋作物全部泡死。尤为严重的王浩屯、大黄集、金堤 3 乡镇，除遭受洪涝灾害外，还有 24 个村庄遭受龙卷风袭击，损失惨重。王浩屯镇的卧单张、万家两个村的 184 户就有 126 户房顶被揭，砸伤 84 人，砸死大牲畜 90 余头，农作物全部被淹。

1996 年 8 月 9 日，黄河第一号洪峰以 5 260m³/s 的流量正式进入境内，15km 的黄河大堤全部偎水，造成李庄集乡王盛屯村生产大堤决口。李村集、李村两乡镇 19 个行政村，21 520 人严重受灾，李庄集乡的王盛屯、闫楼、张楼 3 个村庄，3 050 名群众被水围困。共淹没滩区农作物 0.26 万 hm²，损坏塑料大棚 1 200 个，受淹优良果苗 21.07hm²，大小树木 54.58 万棵；冲毁机井 419 眼，破坏高低压线路 46km、通讯线路 29km；进水损坏房屋 1 504 间，其中，学校 3 处、校舍 40 间；浸泡粮食 26t，造成直接经济损失 9 409 余万元。

2003 年 8~9 月，境内连降暴雨，持续降雨达 30 余天，平均降雨量 339.7mm，最大降雨量（大黄集镇）达 550mm，加之东明客水大量流入，致使大黄集、王浩屯、马岭岗、吕陵等乡镇的部分河道水位抬高，出现倒漾，积水最深达 100cm 以上，加重了洪灾损失。全区受灾人口 72 万人，受灾面积 7.6 万 hm²，成灾 5.4 万 hm²；倒塌房屋 5 000 余间，造成危房 8 300 余间；砸死砸伤家畜、家禽 383 头（只）；冲毁桥涵闸 99 座，冲倒高低压线杆 96 根；31 个村庄、4 所学校被大水围困，交通、道路等其他基础设施也不同程度地遭受损害，直接经济损失 4.5 亿元（表 1-11）。

表 1-11　牡丹区近年涝灾统计

发生年份	降水情况	发生时段	影响程度
1993	全年降水量 853.4mm，比历年平均偏多 259.7mm。夏季降水量为 544.2mm，较历年同期平均偏多 202.7mm，秋季降水量 207.1mm，比历年同期平均偏多 85.3mm	夏、秋连涝	造成夏、秋连涝，致使田间积水，部分房屋倒塌，道路冲断
2003	全年降水量 884.4mm，较历年平均偏多 270.6mm，秋季降水量 296.1mm，比历年同期平均偏多 174.3mm	秋涝	秋涝严重，田间积水，秋种困难
2004	全年降水量 841.2mm，较历年平均偏多 247.6mm。夏季降水量为 645.1mm，比历年平均降水量多 51.4mm，降雨日达 50 天	夏涝	夏涝成灾，大面积农田积水、绝产，房屋倒塌、损坏，桥涵冲坏，公路中断，机井填淤，直接经济损失达 2.8 亿元
2005	全年降水量 834.6mm，较历年平均偏多 240.9mm，秋季降水量 309.4mm，是历年同期平均降水量的 2 倍还多 65.8mm	秋涝	秋涝严重，大部分地块积水，土壤过湿，秋种困难

(三) 雹灾

牡丹区境内冰雹一般发生范围较小,时间也很短,但86%的年份都有冰雹出现,有时一年可达多次。冰雹主要出现在5~8月,以6月出现最多。冰雹出现时大多伴有雷雨和大风,对农作物、房屋、树木和交通电力设施等都会造成不同程度的损坏。境内的西北、北、东北、东部为冰雹高发地带,对群众生产生活造成一定影响(表1-12)。

表1-12 雹灾统计

时间 灾情	受 灾 情 况
1986年8月5日	解元集乡由西北向东南,宽2.5km,受灾面积0.13万hm²
1987年8月30~31日	沙土、都司、皇镇、安兴全部受灾,经济损失300万元
1989年5月23日	白虎、李庄、高村、李村、小留、吴店受灾面积1.43万hm²
1990年7月9日	李庄集、李村受灾
1990年7月25日	吴店降雹20分钟,最大如核桃,小如黄豆,受灾0.14万hm²,经济损失176万元
1991年6月21日	胡集、沙土、新兴、皇镇、安兴由东北向西南受灾
1991年6月23日	沙土、新兴、皇镇受灾
1991年7月4日	贾坊、吕陵、解元集、高庄受灾
1993年6月24日	吕陵、高庄受灾面积0.23万hm²,经济损失700万元
1993年7月9日	吴店受灾
1993年8月4日	李村、白虎、高庄、李庄集受灾
1995年6月17日	李村、马村、白虎、高庄、小留、胡集、侯集、都司、黄堽、安兴受灾
1997年5月25日	李庄、高庄、吴店、杜庄等10个乡镇受灾
1998年6月4日	大部分乡镇受灾,面积2.67万hm²
2001年6月22日	小留、吴店、高庄、李庄、李村、吕陵、马岭岗、黄堽、牡丹、杜庄受灾

(四) 虫灾

1990年,牡丹区小麦条锈病大暴发,发病面积6.33万hm²,当年由于缺少有效防治药剂,有效防治面积小,造成粮食损失15 627.46t。

1991—1995年,棉铃虫大暴发。其中,1992年发生面积7.27万hm²,造成皮棉损失779.35t。

1995—2005年,小麦穗蚜连年大发生,常年发生面积6.33万hm²左右,每年造成小麦损失2 500t以上。

2000年,地下害虫大发生,发生面积4万hm²,造成粮食损失1 395.07t。

2002年,甜菜夜蛾在大豆、棉花、蔬菜等多种作物中大暴发,发生面积3.53万hm²,造成损失6 169.66t。

2005年,小麦叶锈病大发生,发生面积5.33万hm²,造成小麦损失1 348.08t。

1980—1989年,榆兰金花虫严重发生,榆树几乎被吃光树叶。

1985—1992 年，大袋蛾重度发生，主要危害泡桐、刺槐、法桐及农作物。

1987—2005 年，锈色粒肩天牛危害国槐，造成国槐大量死亡。

2002—2005 年，杨尺蛾严重发生，杨树在早春 4 月几乎被吃光树叶。

2002—2005 年，连年流行发生杨树黑斑病，造成中林 46 杨树 8 月大量落叶。

（五）干热风

牡丹区干热风危害程度在全省属重发生区。轻干热风为十年一遇，平均每年发生 3.7 天，最长达 12 天，多发生在 5 月下旬至 6 月上旬，占总次数的 91%；重干热风为十年六遇，平均每年发生 1.6 天，最长达 7 天，多发生在 6 月上旬，占总次数的 65%。牡丹区发生的干热风有两种类型：一是雨后青枯型。它发生在小麦乳熟后期，有一次小到中雨，雨后猛晴，3 天内有一次最高气温 ≥30℃，14 时风速 ≥3m/s，使小麦植株内水分平衡失调，小麦即迅速青枯逼熟，俗称为"撑死"。这种类型的干热风在牡丹区发生机会较少，一般为 5～6 年一遇，但危害极重，一般使小麦减产 10% 以上，严重年份可达 20% 以上。二是高温低湿型。即土壤干旱加大气干燥高温年致。这种类型发生频繁，从 5 月中旬至 6 月上旬均有发生，危害较大。

（六）风灾

瞬间风速达至或超过 17m/s 或风力达到或超过八级的风称为大风。牡丹区遇有强的冷锋、东北低压、江淮气旋等天气系统影响或遇有强雷雨天气时，往往出现大风。

牡丹区全年大风日数平均为 19.3d。最多的年份为 50d（1957 年），最少的年份为 5d（1984 年）。极大风速为 28.8m/s（1978 年）。大风日的季节变化很大，春天最多，占 45.1%，冬夏次之，分别为 20.1% 和 18.4%，秋季最少，占 16.4%。

（七）凇灾

凇害是牡丹区主要自然灾害之一，常见的有雨凇和雾凇。

（1）雨凇：雨凇俗称"琉璃""冰凌"。雨凇灾害对输电、电讯、广播、交通、树木等危害甚大，历年来牡丹区多次出现。20 世纪 50 年代和 70 年代初出现次数较频繁，平均每年一次。1973 年以后较少发生。一年之中，雨凇最早可能出现在 11 月下旬（1970 年），最晚可出现在 4 月上旬（1957 年）。集中期不明显。每次雨凇基本上是全区均有发生，平均持续时间为 44h46min。最长的持续时间为 188h52min（1954 年 12 月 23～30 日）。据 1954—2005 年的 42 年间统计，牡丹区共出现雨凇 62d，每年平均接近 1.5d。

（2）雾凇：雾凇俗称"树孝"，乳白色的冰晶层或轻状冰层，较松脆。牡丹区出现的雾凇一般形不成灾害，只有特别严重时才能压断树枝和电线，造成一定损失。

雾凇的出现一般都是全区范围的，历年平均约一年四遇。最多的 1955 年竟出现 14 次。雾凇最早出现在 11 月下旬（1962 年），最晚出现在 3 月中旬（1957 年），集中出现在 1 月中旬和下旬。最长连续时间达 64h8min（1954 年 12 月 10～13 日），雾凇厚度一般不超过 1cm，最大厚度 4.5cm。

（八）震灾

牡丹区位于聊考断裂带，属地震多发地区。1986—2005 年间，共发生 6 次 ML3.5 级以下地震，未造成人员伤亡和经济损失。

第二节 农业经济概况

牡丹区有着得天独厚的自然资源和人文资源，其农村经济的发展也和全国其他地区一样，经历了极为艰难曲折的过程。土地改革后，农民从封建桎梏中解放出来，生产积极性空前高涨，粮食产量提高较快。1949 年单产 48.5kg，1952 年即上升到68.5kg。但随之而来的是在"左倾"路线支配下的急躁冒进。至 1962 年第二个五年计划结束时，粮食平均单产反而下降到 55kg。"文革"期间，错把集中劳动和平均分配当作集体经济的优越性，农业生产遭受严重挫折，粮食平均单产一直徘徊在 50kg 左右的水平，农民的温饱问题一直未能解决。党的十一届三中全会后，对农村生产关系作了重大调整，实行了多种形式的"联产承包责任制"，农业生产一改近 30 年徘徊不前的局面，出现蓬勃发展的新势头。1982 年获得突破性进展，粮食总产达 284 025t，比1978 年增产 51 585t，单产达 181.5 kg。新中国成立以来，未解决的群众温饱问题得到基本解决，而且农民中从事商品生产的专业户、重点户也逐年增多。1985 年，农业总产值已达 3.6619 亿元，为 1949 年的 15.3 倍，1985 年农民年人均纯收入为 457 元，人均占有住房面积 25.9m²。农业总产值中种植业占 2.589 亿元，林业占 0.1604 亿元，牧业占 0.4869 亿元，副业占 0.4139 亿元，渔业占 0.0117 亿元。

1949—1985 年，牡丹区用于农业的总投资达 0.71694 亿元，修建排灌站 120 处，打机井 4 782 眼，有效灌溉面积 60 421.1hm²。

1985 年农业机械总动力为 27.6079 万马力，大中型拖拉机机引农具 1 047 部，小型拖拉机机引农具 911 部，脱粒机 4 513 部，农村用电量 3 300 万瓦，机耕面积50 947.5hm²。由于农业机械化程度的提高，也带动了林、牧、副、渔各业的发展。1985 年粮食总产量达 367 470t，人均占有 414.5kg，棉花总产 3.80524 万担，花生11 460t，芝麻 131.05t，果品 3 640t，淡水产品 850t。

随着农村经济体制改革的深入，乡镇办工业的热情迅速高涨。1985 年已有工业厂家 3 448 个（包括村办公、联户办、个体户工厂），产值 11.1877 亿元，从业人员7.8722 万人，基本打破了农村单一搞种植业的惯例。

1986 年，农村开始进行产业结构调整，稳定粮食作物种植面积，主攻单产、增加总产，大力发展多种经营，实施科技兴农和农业产业化战略，以产业结构调整为主线，大力发展经济作物种植和农副产品加工业，全面贯彻落实农业税收和粮食直补等一系列惠农政策，不断加大对农业基础设施建设，组织开展大规模劳务输出，农业和农村经济发生了巨大变化，农民收入大幅度增长，2008 年粮食总产 609 214t，是 1986 年的 3.37 倍，棉花总产 24.79 万担，是 1986 年的 6.5 倍，瓜菜总产 768 730.75t，是 1986 年 211.19 倍，实施保护地栽培、间作套种，立体种植方式，复种指数达到 198.5%，比 1986 年复种指数的 167.1% 提高了 21.4%。2003 年以来，随着"西接东输"工程的实施，全区劳务经济得到快速发展，截至 2008 年有组织的劳务输出 97 万人次，劳务输出带来的收入达 126亿元，农民人均纯收入达到 3 135 元，是 1985 年 457 元的 6.86 倍。

随着改革开放的逐步深入，牡丹区的经济有了较大的发展。1986年到2000年14年间，经济总量将近翻了三番，GDP从1986年的5.23亿元，增加到2000年的39.3亿元，2001年原菏泽市改为牡丹区，4个乡镇办事处划归开发区，2001年，牡丹区实现GDP26.9亿元，至2005年增加到53.8亿元，4年间正好翻了一番。经济总量迅速增加的同时，经济结构也日趋完善，1986年原菏泽市GDP第一、第二、第三产业所占比例分别为47.5%：30.1%：22.4%，农业所占比例最大，三产年比例最小，到2005年牡丹区第一、第二、第三产业所占比例分别为30.2%：35.9%：33.9%，第一产业所占比例降低了17.3个百分点，第二、第三产业比例增加5.8个百分点和11.5个百分点。牡丹区经济逐渐走上了工业立区，三产强区的发展道路。

第三节　农业生产概况

牡丹区是传统上的农业大区，是全国重要的商品粮生产基地，全国平原绿化先进区，全区耕面积95 433.4hm²，农业人口89.651万人，种植的主要农作物有小麦、玉米、棉花、花生、大豆、水稻、芦笋、甜瓜、胡萝卜和甘蓝等作物。1986开始，全区开始进行种植业结构调整，种植业结构得到优化，经过20多年的努力，形成了现在粮经比基本合理，作物布局合理的局面。

一、结构调整

随着国家惠农政策的不断增加，农业种植业结构调整出现新的变化，根据市场需求，依靠科技进步，稳定粮田面积，扩大优质高效经济作物种植，大力发展"一优二高三创"农业，基本实现乡乡有主导产业，村村有主导产品，户户有致富项目，牡丹区高效经济作物面积发展到5.47万hm²，其中，蔬菜面积2.67万hm²，西甜瓜面积1.33万hm²，棉花0.87万hm²，花生0.4万hm²等。种植方式以一年二作为主，同时出现了大面积的一年三作或一年四作的立体高效种植模式，复种指数大幅度提高。

二、粮食作物

由于国家出台了免缴农业税、种粮补贴等一系列惠农政策，充分调动了农民的种粮积极性，使粮食作物面积和产量大幅度增加。2008年，牡丹区粮食面积15.81万hm²，总产达到60.98万t，单产382.2kg，再创历史新高。其中，小麦面积6.7万hm²，单产374.1kg，总产37.6万t；玉米面积2.78万hm²，单产404.6kg，总产16.85万t，水稻0.51万hm²，单产597.5kg，总产4.55万t。

三、经济作物

牡丹区棉花、花生、大豆等经济作物的常年种植面积一般在2.67万hm²左右；多年生陆地菜以芦笋为主，在生产上以提高品质为主攻方向；西、甜瓜生产以大棚早春西、甜瓜为重点；蔬菜生产以反季节蔬菜为主攻目标，同时稳定常年菜田和季节菜田面积达到 2 万 hm^2。牡丹区棉花种植面积 0.87 万 hm^2，以营养钵套种和夏直播为主，主要品种为丰抗 6 号，鲁棉研 15、鲁棉研 20、鲁棉研 21、鲁棉研 23，中棉 45、中棉 41 等。平均亩*产皮棉 100kg 左右。花生以套种为主，品种有海花一号，丰花一、丰花二、丰花五号，鲁花 11、鲁花 14 等，每亩产量在 250kg 左右。大豆以夏直播为主，品种为菏豆 12，菏豆 84-5，鲁豆 4、鲁豆 9 号等，每亩产量在 200kg 左右。西瓜种植面积 1.07 万 hm^2，其中，早春西瓜 0.33 万 hm^2，主要品种有鲁青 7、郑杂 5、郑杂 7、庆农 5、西农 8、庆红宝等，每亩效益在 2 400 元左右。以万福办事处为中心的甜瓜种植发展迅速，大拱棚种植面积达 0.53 万 hm^2，主要品种是白沙蜜，每亩效益在 3 000 元左右。

四、蔬菜

牡丹区蔬菜面积达到 2.87 万 hm^2，其中，春夏菜面积 1.87 万 hm^2，秋冬菜面积 1 万 hm^2。保护地蔬菜稳步发展，日光温室和大中拱棚面积年均 $333.33hm^2$，小拱棚面积年均 0.4 万 hm^2，地膜覆盖面积年均 1 万 hm^2。部分蔬菜种类已逐步形成规模优势和效益优势，主要有以沙土镇为中心的 0.2 万 hm^2 胡萝卜、0.13 万 hm^2 芦笋和 0.2 万 hm^2 甘蓝生产基地，以王浩屯镇、何楼办事处为中心的 0.2 万 hm^2 大蒜和 0.13 万 hm^2 辣椒生产基地，以皇镇为中心的 $333.33hm^2$ 圆葱和 $333.33hm^2$ 山药生产基地。牡丹区不但蔬菜面积发展快，蔬菜种类和品种丰富，逐步实现了区域化、规模化种植，而且大力推广了绿色和无公害生产技术，绿色和无公害蔬菜有了一定的生产规模，牡丹区蔬菜产品质量和知名度不断提高，促进了蔬菜种植业的高效持续发展。

五、农作物品种

牡丹区是传统的农业大区，主要农作物为小麦、玉米、棉花，常年种植面积在 $113\ 333.33hm^2$ 左右，随着育种技术的改进和种子市场的放开，良种更新步伐加快，品种布局呈现出多样化的趋势。牡丹区四大农作物目前主推品种分别为如下。

小麦：济麦 19、济麦 20、济麦 21、济麦 22、多丰 2000、济南 17、淄麦 12、潍麦 8 号、周麦 5、周麦 18。

玉米：鲁单 981、中科 11、蠡玉 16、农大 108、登海 11、浚单 20、郑单 958 等。

棉花：鲁棉研 15 号、鲁棉研 21 号、中棉所 45 号、鲁棉研 18 号、鲁棉研 29 号等。

水稻：豫粳 6 号。

六、肥料

牡丹区化肥的肥料施用量基本稳定在 35～40kg/亩，肥料使用种类由单一养分肥料逐步向复合肥料发展，小麦播种时使用单一养分钙镁磷肥的农户占 10％左右，使用过磷酸钙的农户占 50％左右，使用碳酸氢铵的农户占 60％左右。化肥使用浓度由低浓度

---

* 1 亩≈667m^2，15 亩＝1hm^2，全书同

向高浓度发展，以总养分40%～45%浓度的复合（混）肥用量最多，农民施肥重氮、磷，轻施钾肥的习惯正逐步转变。特别是测土配方施肥项目开展以来，农民逐步重视钾肥和复合肥料的施肥，复合（混）肥料的施用量已占化肥用量的1/3以上。

农民堆沤积造有机肥的数量越来越少，但耕地中有机物料的投入量却是随着产量的提高逐年增加。原因是小麦机械化收割的程度越来越高，目前小麦机收率占到90%，小麦收获后，约20cm的根茬留在田间；玉米秸秆还田率占到30%，增加了有机物料还田比率。

自2005年在全区开展测土配方施肥技术推广以来，农民的施肥观念正在改变，稳氮、磷，补钾肥、补微肥的观念正逐步被群众接受。氮磷钾的投入比由1：0.38：0.05，调整到目前的1：0.26：0.08，基本趋于合理。

七、植物保护

随着农业种植结构的调整，生产水平的提高和气候条件的变迁，农田生态系统发生了很大变化，致使农作物的病虫害、草害、鼠害种类增多，危害加重。

（一）牡丹区主要农作物病虫害

小麦病虫害：小麦锈病、白粉病、纹枯病、赤霉病、麦蚜、麦蜘蛛、小麦吸浆虫等病虫害每年都有一定程度的发生。

玉米病害：主要是玉米叶斑病、粗缩病、纹枯病、褐斑病和玉米穗虫。

棉花虫害：主要是棉铃虫。抗虫棉的推广使得棉铃虫的发生得到有效遏制，但3～4代棉铃虫每年仍有发生，面积在2万hm² 次。

花生病害：主要是叶斑病。常年发生面积0.67万hm² 左右。

水稻病虫害：主要是稻纵卷叶螟，常年发生面积在5万hm² 左右。

蔬菜病虫害：黄瓜霜霉病、芦笋茎枯病、番茄疫病、茄果类棉铃虫、甜菜夜蛾、美洲斑潜蝇、烟粉虱等。

新发生的病虫害：一些新的病虫害近几年在牡丹区陆续发生，危害严重的主要有甜菜夜蛾、美洲斑潜蝇、玉米弯孢霉叶斑病、玉米锈病、玉米粗缩病、盲蝽、烟粉虱、小麦黑斑潜叶蝇、小麦孢囊线虫、蜗牛和蛞蝓等。

农田杂草：牡丹区农田常见杂草72种，分布在不同的作物田中，麦田主要有播娘蒿、荠菜、猪秧秧等；玉米田主要有马唐、牛筋草、铁苋菜、马齿苋等；豆田主要有马唐、香附子、牛筋草、马齿苋等。近年来化学除草逐步代替了人工除草，且面积不断扩大，常年化学除草面积达6.67万hm² 次。

（二）病虫害防治

防治技术。

①药剂防治。目前牡丹区农作物病虫害的防治仍以化学防治为主，结合综合防治和生物防治。利用作物害虫的天敌或寄生菌进行防治，年应用面积达4万hm²。

②农业防治。通过改变农田生态环境进行防治，由于措施简便易行，成效显著，利用较多。

③诱杀防治生产中应用较少。

防治工具：以 NS-16 手动喷雾器和 18 弥雾机为主。

防治药物：主要是生物制剂、合成制剂用以杀虫杀螨；专用杀虹剂如哒螨灵、蚍虫啉等；杀菌剂如多菌灵、百菌清、农抗 120 等。

蝗虫发生及防治：牡丹区属东亚飞蝗适发区，近几年发生重点也由原来的内涝蝗区转移到河泛蝗区，现内涝蝗区已基本得到改造，每年发生面积都在 0.27 万 hm² 左右。

发生原因：宜蝗面积增加、蝗卵越冬死亡率低、秋蝗防治不理想，秋残蝗面积大、气温高、降水少，利于蝗卵孵化等。

防治方法。

①生态控制。改造蝗区环境，改变蝗区生态，保护利用自然天敌。

②应急防治。主要是用泰山-18 弥雾机地面防治和运五飞机防治。

八、耕作方式

牡丹区农民在农作物的种植上，主要是一年二作和一年三作。近几年，随着设施农业技术的推广一年三作的面积逐渐扩大，复种指数由 1986 年的 167.1％提高到 198.5％。同时，随着耕作制度的发展，耕作技术也在逐步提高。

（一）熟制的种类与作物

一年二熟制。占播种面积的 87％，种植的作物主要有小麦、大豆、玉米、棉花、花生、水稻、瓜果等。轮作方式主要有小麦收后（或套种）夏茬玉米、大豆、谷子、棉花、花生、水稻、西瓜等，这些夏茬作物收获后，再种小麦，西瓜等秋作物收后也可种油菜，油菜一般比小麦早熟 10~15d，收获后可以种植玉米、谷子等较早的秋作物，近年来牡丹区早春西（甜瓜）——水稻轮作方式逐渐扩大，面积越来越大。

近几年来，随着牡丹区瓜菜面积的扩大，一年三熟制作物面积逐渐增加，主要是冬小麦地套种越冬菠菜、油菜面积较大，菜类作物一年多熟的面积也有较快的发展。

（二）熟制与土壤肥力

一年一熟制的耕作制度，一般在土壤上肥力低、距村庄远、管理粗放的地块，多数种植春作物，如地瓜、花生、棉花等。

二年三熟制是调节农作物茬口的一种耕作制度，在地壤肥力中等水平，精耕细作，用养结合，采取合理的轮作方式，多适用粮食平均 667hm² 产量 300~500kg 的地块。

一年二熟制的地块。一般土壤肥力较高，目前，一年二熟作物占 87％，一年多熟作物占 12％，其他占 1％（花卉苗木除外）。

九、栽培技术

近年来牡丹区农作物新技术的应用内容主要包括农业科研成果的应用、引进推广外地经验及本地农业增产经验等。

（一）农作物病虫害综合防治技术

推广使用高效低毒低残留农药和生物农药如 BT 等，有效地控制了病虫害大面积发生，对农业持续稳定增产起到了积极作用。

（二）杂交良种技术

对玉米、水稻等杂交种不断进行更新更换，在生产上积极推广应用，使全区玉米、水稻单产逐年提高。

（三）配方施肥技术

在对全区土壤全面检测的基础上，通过大量的试验示范，摸出牡丹区土壤养分状况，土壤供肥能力，肥料利用率等参数，在合理使用有机肥的情况下，提出氮、磷、钾及微量元素肥料的合理施用量，达到提高产量、改善品质，培肥地力的目的。该技术的推广达到了增收节支35元。

（四）设施农业技术

地膜覆盖、小拱棚、大拱棚、大面包棚等设施农业技术的应用，对瓜果菜反季节生产，提早上市，增加农民收入起到了一定作用。

（五）农业生产技术标准

20世纪90年代后，农业生产技术标准的制定推广应用，对农产品的生产、包装、运输、贮藏等整个过程进行了严格控制和要求。

（六）绿色无公害农产品生产技术

2004年，牡丹区农业局编写的《绿色无公害农产品的生产技术》，使绿色无公害农产品生产技术在全区迅速推广应用，提高了农产品品质和质量。

麦棉二熟制及玉米等作物大面积套种间作技术。该技术在牡丹区得到大面积推广应用，较好地延长了后茬作物的生育期。

第二章　土壤与耕地资源状况

第一节　土壤类型与分布

一、牡丹区土壤分类情况

土壤是自然界客观实体。它是气候、地形、母质、生物、时间、自然因素综合作用下发育形成的。它也是劳动的产物，在人类工作管理影响下变化发育。因而，土壤有垂直分布、水平分布和地域分布。牡丹区地处黄河泛滥平原，成土母质为黄河冲积物，土壤形成系黄河多次决口泛滥携带大量泥沙沉积而成，加之人类长期耕种、管理使土壤逐步向有利于生产的方向发展。牡丹区处于温暖带半湿润季风气候带，按气候条件，应形成地带性（显域性）的褐土土类，但由于地势相对低平，潜水位较高（一般在 2～3m），潜水直接参与成土过程（潜水向上补给，影响了土壤特性），削弱了气候的主导因素，形成了非地带性（隐域性）的潮土土类。其中，潜水位高，出流不畅，矿化度较高的地方，则形成了潮土土类的盐化潮土亚类。

根据全国第二次普查的土壤分类系统，牡丹区分潮土土类和白潮土 2 个土类，褐土化潮土亚类、潮土亚类、盐化潮土亚类和白潮盐土亚类 4 个亚类，褐土化潮土土属、潮土土属、盐化潮土土属、白潮盐土土属和淤灌潮土土属 5 个土属，共 107 个土种。

潮土土类：是近代黄泛沉积物，它在地下水频繁活动影响下，经过旱耕熟化而的一类土壤，全区面积公顷，占 98.6%。

褐土化潮土亚类：褐土化潮土有一种土属即褐土化潮土土属。主要分布在赵王河两岸垅岗式河滩高地上，海拔 49～51m，面积 843.3hm²，占总可利用面积的 7.8%。表层质地以轻壤质为主，沙壤质次之，中壤质最少。3 种质地所占比例分别是 46.8%、32.7% 和 20.5%。从土体构型来分以蒙淤型面积最大，在蒙淤型中又以夹黏型为主，分布在河滩高地上相对低洼地区。全沙型居二，所占耕地比例与耕层质地沙质相同，主要分布在河滩高地上较高部位。

褐土化潮土土属有 7 个土种。

潮土亚类：牡丹区潮土亚类分为潮土土属和淤灌潮土 2 个土属。

潮土土属分布在牡丹区各乡镇办事处和各种地貌类型，可利用面积 7.51 万 hm²，占 69.2%。表层质地以沙壤质为主，轻壤质次，中壤质居三，重壤质最少。所占比例分别为33.1%、29.4%、22.1%和15.4%。从土体类型分潮土土属分成6个，分别是蒙金型、蒙淤型、内排水型、蒙沙型、全淤型和全沙型。该土属共有30个土种。

淤灌潮土土属是人工引黄的沉积物，主要分布在李村、高庄两个乡镇的中北部，面积6 489.9hm²，占可利用面积的6.0%。表层质地以黏质土为主，沙土次之，壤质土最少。3种质地所占比例分别47.0%、27.7%和25.3%。从土体类型分为蒙沙型、排水型和全沙型3种，所占比例分别为32.5%、27.8%和24.2%。该土属共有22个土种。

盐化潮土亚类：该亚类有一个土属，该土属是在一定的气象、水文、地质等综合作用下形成的。多分布于大型洼地边缘或缓平坡地的中、下端和洼坡地带，潜水埋深浅，在1.5~2.5m，地表有盐斑，表层多为轻质土壤。该土属面积有16 929.3hm²，占15.6%。耕层质地分为沙壤、轻壤和中壤3种。所占比例分别为44.2%、40.4%和15.4%。土体类型主要分为全沙型、蒙金型和蒙淤型3类。所占比例分别为29.5%、16.6%和16.4%。该土属共有39个土种。

牡丹区土壤类型（表2-1）。

表2-1　牡丹区土壤分类

土类	亚类	土属	土种划分依据		
			盐化程度	土体构型（表层以下土层）	表层质地
C潮土	a 褐土化潮土	1 褐土化潮土		1. 薄沙心　11. 薄壤底 2. 厚沙心　12. 厚壤底 3. 薄沙腰　13. 薄黏心 4. 厚沙腰　14. 厚黏心 5. 薄沙底　15. 薄黏腰 6. 厚沙底　16. 厚黏腰 7. 薄壤心　17. 薄黏底 8. 厚壤心　18. 厚黏底 9. 薄壤腰　19. 均质 10. 厚壤腰	1. 松沙土 2. 紧沙土 3. 沙壤土 4. 轻壤土 5. 中壤土 6. 重壤土 7. 黏土
	B 潮土	2 潮土			
		2′ 淤灌潮土			
	C 盐化潮土	5 盐化潮土	按盐斑分 1. 轻度10% 2. 中度20%~30% 3. 重度40%~50%		
D 盐土	a 潮盐土	1 白潮盐土	盐斑50%以上		

注：心、腰、底系指土壤层次出现部位。心指出现部位在20~60cm；腰60~100cm；底100~150cm

薄层10~30cm；厚层>30cm。土体构型中：沙指松沙、紧沙、沙壤；壤指轻壤、中壤；黏指重壤、黏土

二、主要土属土种面积、分布及主要性状

（一）褐土化潮土亚类

牡丹区褐土化潮土亚类只有一个土属褐土潮土（表2-1、表2-2、表2-3和表2-4）。该土属共有7个土种，面积：8 433.7hm²，占农用地（112 652.9hm²）面积的7.49%。该土属主要分布在赵王河两岸垅岗式河滩高地上，海拔高度49~51米。该土属表层质地以轻壤为主，面积3 943.6hm²，占46.8%；沙壤质居二，面积

表 2-2 第二次土壤普查分类与代码

土类		亚类		土属			土种		
名称	代码	名称	代码	连续命名（曾用名）	名称	代码	连续命名	名称	省土种代码
潮土	08	潮土	0801	沙质潮土	面沙土	080101	沙质潮土	面沙土	08010101
				壤质潮土	轻白土	080102	沙质壤蒙淤潮土	沙轻白土	08010201
							沙质壤蒙金潮土	蒙淤沙轻白土	08010202
							沙质壤蒙黏潮土	蒙金沙轻白土	08010203
							壤潮土	蒙银沙轻白土	08010204
							壤蒙淤潮土	轻白土	08010205
							壤蒙金潮土	蒙淤轻白土	08010206
							壤蒙夹沙层潮土	蒙金轻白土	08010207
								夹沙轻白土	08010208
				黏壤质潮土	两合土	080103	黏壤质潮土	两合土	08010301
							黏壤质壤蒙淤潮土	蒙淤两合土	08010302
							黏壤质壤蒙金潮土	蒙金两合土	08010303
							黏壤质夹沙层潮土	夹沙两合土	08010304
				黏质潮土	小红土	080104	黏质潮土	小红土	08010401
							黏质壤蒙黏潮土	蒙银小红土	08010402
							黏质夹沙层潮土	夹沙小红土	08010403
		脱潮土	0802	壤质脱潮土	岗轻白土	080201	沙质壤脱潮土	岗轻白土	08020101
							沙质壤蒙淤脱潮土	蒙淤岗沙轻白土	08020102
							沙质壤蒙金脱潮土	蒙金岗沙轻白土	08020103
							沙质壤蒙黏壤脱潮土	蒙银岗沙轻白土	08020104
							壤脱潮土	岗轻白土	08020105
							壤蒙淤脱潮土	蒙淤岗轻白土	08020106
							壤蒙金脱潮土	蒙金岗轻白土	08020107
							壤夹沙层脱潮土	夹沙岗轻白土	08020108

（续表）

土类		亚类		连续命名（曾用名）	土属		土种		省土种代码
名称	代码	名称	代码		名称	代码	连续命名	名称	
潮土	08	盐化潮土	0804	氯化物盐化潮土	油盐潮土	080401	壤质轻度氯化物盐化潮土	轻油盐轻白土	08040101
							壤质重度氯化物盐化潮土	重油盐轻白土	08040102
							壤质体轻度氯化物盐化潮土	轻油盐轻体轻白土	08040103
							壤质体重度氯化物盐化潮土	重油盐轻体轻白土	08040104
							黏壤质轻度氯化物盐化潮土	轻油盐两合土	08040105
							黏壤质重度氯化物盐化潮土	重油盐两合土	08040106
							黏壤质夹沙层轻度氯化物盐化潮土	轻油盐夹沙两合土	08040107
							黏壤质夹黏层轻度氯化物盐化潮土	轻油盐夹黏两合土	08040108
							黏壤质夹黏层重度氯化物盐化潮土	重油盐夹黏两合土	08040109
							黏质轻度氯化物盐化潮土	轻油盐小红土	08040110
							黏质夹沙层轻度氯化物盐化潮土	轻油盐夹沙小红土	08040111

表 2 – 3　牡丹区土种归属对照

省名称及代码						区名称及代码					
土类		亚类		土属		土类		亚类		土属	
名称	代码	名称	代码	名称	代码	名称	代码	名称	代码	名称	代码
潮土	08	脱潮土	0802	壤质脱潮土	080201	C	潮土	a	褐土化潮土	1	褐土化潮土
		潮土	0801	沙质潮土	080101	C	潮土	b	潮土	2	潮土
				壤质潮土	080102					2'	淤灌潮土
				黏壤质潮土	080103						
				黏质潮土	080104						
		盐化潮土	0804	氯化物潮土	080401	C	潮土	c	盐化潮土	5	盐化潮土

表 2－4　牡丹区土种面积统计

土类	亚类	土属	土种				俗称
			全称	土种编码	面积（hm²）	占耕地面积（%）	
潮土 08	潮土 0801	沙质潮土 080101	沙壤质厚壤心潮土	cb2 3/8	333.3	0.31	沙土
			沙壤质薄黏心潮土	cb2 3/13	729.2	0.67	沙土
			沙壤质厚黏心潮土	cb2 3/14	259.7	0.24	沙土
			沙壤质薄黏腰潮土	cb2 3/15	1 193.7	1.10	沙土
			沙壤质厚黏腰潮土	cb2 3/16	1 123.9	1.04	沙土
			全剖面松沙潮土	cb2 1/19	286.8	0.26	飞沙土
			全剖面均紧沙质潮土	cb2 2/19	1 709.2	1.57	青沙土
			全剖面均质沙质潮土	cb2 3/19	19 189.5	17.68	沙土
		沙质淤灌潮土 080103	沙壤质薄黏心淤灌潮土	cb2′ 3/13	143.4	0.13	沙土
			沙壤质厚黏心淤灌潮土	cb2′ 3/14	523.2	0.48	沙土
			松沙壤质黏腰淤灌潮土	cb2′ 1/16	42.7	0.04	松沙土
			沙壤质厚黏腰淤灌潮土	cb2′ 3/16	563.9	0.52	沙土
			全剖面均质沙质淤灌潮土	cb2′ 3/19	472.8	0.44	沙土
			沙壤质厚壤腰淤灌潮土	cb2′ 3/10	87.2	0.08	沙土
		壤质潮土 080102	轻壤质厚沙心潮土	cb2 4/2	131.8	0.12	二合土
			中壤质厚沙心潮土	cb2 5/2	1 810	1.67	二合土
			轻壤质厚沙腰潮土	cb2 4/4	1 224.7	1.13	二合土
			中壤质厚沙腰潮土	cb2 5/4	4 127.7	3.8	二合土
			轻壤质薄黏心潮土	cb2 4/13	67.8	0.06	二合土
			中壤质薄黏心潮土	cb2 5/13	992.1	0.91	二合土
			轻壤质厚黏心潮土	cb2 4/14	2 083.2	1.92	二合土
			中壤质厚黏心潮土	cb2 5/14	6 284.1	5.79	二合土
			轻壤质薄黏腰潮土	cb2 4/15	1071.7	0.99	二合土

（续表）

土类	亚类	土属	全称	土种编码	面积（hm²）	占耕地面积（%）	俗称
潮土 08	潮 土 0801	壤质潮土 080102	中壤质薄黏腰新潮土	cb2 5/15	228.7	0.21	二合土
			轻壤质厚黏腰潮土	cb2 4/16	2 296.4	2.12	二合土
			中壤质厚黏腰潮土	cb2 5/16	2 112.3	1.95	二合土
			全剖面轻壤质潮土	cb2 4/19	302.3	0.09	二合土
			全剖面中壤质潮土	cb2 5/19	503.9	0.46	二合土
			轻壤质厚黏腰潮土	cb24/2.15	829.4	0.76	二合土
			轻壤质厚黏腰潮土	cb24/2.16	575.5	0.53	二合土
		淤灌潮土 080103	轻壤质薄黏心淤灌潮土	cb2′ 4/13	98.9	0.09	二合土
			轻壤质厚黏心淤灌潮土	cb2′ 4/14	145.4	0.13	二合土
			中壤质厚黏心淤灌潮土	cb2′ 5/14	93	0.09	二合土
			中壤质厚黏腰淤灌潮土	cb2′ 5/16	106.6	0.10	二合土
			全剖面轻壤质淤灌潮土	cb2′ 4/19	96.9	0.09	二合土
			全剖面中壤质淤灌潮土	cb2′ 5/19	38.8	0.04	二合土
			轻壤质厚沙心淤灌潮土	cb2′ 4/2	224.8	0.21	二合土
			中壤质厚沙心淤灌潮土	cb2′ 5/2	106.6	0.10	二合土
			中壤质厚沙腰淤灌潮土	cb2′ 4/4	525.2	0.48	二合土
			中壤质厚沙腰壤质淤灌潮土	cb2′ 5/4	203.5	0.19	二合土
		黏壤质潮土 080104	重壤质厚沙心潮土	cb2 6/2	1 310	1.21	淤土
			重壤质厚沙腰潮土	cb2 6/4	3 232.4	2.98	淤土
			重壤质厚沙腰心潮土	cb2 6/8	848.8	0.78	淤土
			全剖面重壤质潮土	cb2 6/10	372.1	0.34	淤土
			重壤质厚沙腰心潮土	cb2 6/19	578.7	5.32	淤土
			重黏质厚沙心淤灌潮土	cb2′ 6/19	91.1	0.08	淤土
			重壤质厚沙心淤灌潮土	cb2′ 6/2	1 654.9	1.52	淤土
			黏土厚黏腰淤灌潮土	cb2′ 7/2	125.9	0.12	胶泥
			重黏质厚沙腰淤灌潮土	cb2′ 6/4	718.9	0.66	淤土
			黏土厚黏腰淤灌潮土	cb2′ 7/4	356.6	0.33	胶泥
			重壤质厚沙腰壤质淤灌潮土	cb2′ 6/10	102.7	0.09	淤土

（续表）

土类	亚类	土属	全称	土种编码	面积（hm²）	占耕地面积（%）	俗称
潮土 08	脱潮土 0802	壤质脱潮土 080201	全剖面沙壤质褐土化潮土	cal 3/19	2 755.6	2.54	沙土
		黏壤质脱潮土 080201	轻壤质厚沙心褐土化潮土	cal 4/2	131.8	0.12	二合土
			轻壤质厚沙腰褐土化潮土	cal 4/4	1 224.7	1.13	二合土
			轻壤质厚黏心褐土化潮土	cal 4/14	1 083.3	1.00	二合土
			中壤质厚沙心褐土化潮土	cal 5/14	1 734.4	1.60	二合土
			轻壤质厚黏腰褐土化潮土	cal 4/16	794.5	0.73	二合土
			全剖面轻壤质褐土化潮土	cal 4/19	709.3	0.65	二合土
			中壤质厚沙心白潮盐土	Dal 5/2	335.3	0.31	盐碱地
			轻壤质厚沙心白潮盐土	Dal 4/2	23.2	0.02	盐碱地
			重壤质厚沙腰白潮盐土	Dal 6/4	106.6	0.10	盐碱地
			沙壤质厚黏底白潮盐土	Dal 3/8	67.8	0.06	盐碱地
			紧沙质厚黏底白潮盐土	Dal 2/18	25.2	0.02	盐碱地
			全剖面均沙白潮盐土	Dal 3/19	443.8	0.41	盐碱地
			轻壤质厚沙腰白潮盐土	Dal 4/4	143.4	0.13	盐碱地
			轻壤质薄黏心白潮盐土	Dal 4/13	60.1	0.06	盐碱地
	盐化潮土 0804	氯化物潮土 080401	中壤质厚黏心白潮盐土	Dal 5/14	300.4	0.28	盐碱地
			轻盐化沙壤质厚腰盐化潮土	cc5 3（一）/4	149.3	0.14	盐碱地
			轻盐化沙壤质薄黏心盐化潮土	cc5 3（一）/13	46.5	0.04	盐碱地
			中度盐化沙壤质薄黏心盐化潮土	cc5 3（二）/13	482.8	0.44	盐碱地
			轻盐化沙壤质厚黏心盐化潮土	cc5 3（一）/14	267.5	0.25	盐碱地

（续表）

土类	亚类	土属	土种				俗称
			全称	土种编码	面积（hm²）	占耕地面积（%）	
潮土	盐化潮土 23	氯化物潮土 080401	轻盐化沙壤质薄黏腰盐化潮土	cc5 3（一）/15	141.5	0.13	盐碱地
			中度盐化沙壤质厚黏腰盐化潮土	cc5 3（二）/16	552.3	0.51	盐碱地
			重度盐化沙壤质厚黏腰盐化潮土	cc5 3（三）/16	224.8	0.21	盐碱地
			轻盐化沙壤质厚黏底盐化潮土	cc5 3（一）/18	443.8	0.41	盐碱地
			中度盐化沙壤质厚黏底盐化潮土	cc5 3（二）/18	114.3	0.11	盐碱地
			轻盐化全剖面均沙质盐化潮土	cc5 3（一）/19	1 777.1	1.64	盐碱地
			中度盐化全剖面均沙质盐化潮土	cc5 3（二）/19	2211.1	2.04	盐碱地
			轻盐化轻壤质厚沙心盐化潮土	cc5 4（一）/2	290.7	0.27	盐碱地
			中度盐化轻壤质厚沙心盐化潮土	cc5 4（二）/2	767.4	0.71	盐碱地
			重度盐化轻壤质厚沙心盐化潮土	cc5 4（三）/2	110.5	0.10	盐碱地
			轻盐化中壤质厚沙心盐化潮土	cc5 5（一）/2	333.3	0.31	盐碱地
			轻盐化轻壤质厚沙腰盐化潮土	cc5 4（一）/4	1 999.9	1.84	盐碱地

（续表）

土类	亚类	土属	土种				俗称
			全称	土种编码	面积（hm²）	占耕地面积（%）	
潮土	盐化潮土 23	氯化物潮土 080401	中度盐化轻壤质厚沙腰盐化潮土	cc5 4（二）/4	831.3	0.77	盐碱地
			轻盐化中壤质厚沙腰盐化潮土	cc5 5（一）/4	244.1	0.22	盐碱地
			中度盐化轻壤质厚沙腰盐化潮土	cc5 4（二）/13	129.8	0.12	盐碱地
			中度盐化轻壤质厚黏心盐化潮土	cc5 4（二）/14	424.4	0.39	盐碱地
			轻盐化中壤质厚黏心盐化潮土	cc5 5（一）/14	1 023.2	0.94	盐碱地
			中度盐化中壤质厚黏心盐化潮土	cc5 5（二）/14	186.1	0.17	盐碱地
			重度盐化中壤质厚黏心盐化潮土	cc5 5（三）/14	141.5	0.13	盐碱地
			轻盐化轻壤质薄黏腰盐化潮土	cc5 4（一）/15	492.3	0.45	盐碱地
			中度盐化轻壤质厚沙心薄黏腰盐化潮土	cc5 4（二）/2.15	38.8	0.04	盐碱地
			轻盐化轻壤质厚黏腰盐化潮土	cc5 4（一）/16	437.9	0.21	盐碱地
			中度盐化中壤质厚黏腰盐化潮土	cc5 4（二）/16	705.4	0.60	盐碱地
			轻盐化中壤质厚黏腰盐化潮土	cc5 5（一）/16	255.7	0.24	盐碱地

（续表）

土类	亚类	土属	土种				俗称
			全称	土种编码	面积（hm²）	占耕地面积（%）	
潮土	盐化潮土 23	氯化物潮土 080401	轻盐化轻壤质黏底薄盐化潮土	cc5 4（一）/17	15.1	0.04	盐碱地
			中度盐化轻壤质厚沙心薄黏底盐化潮土	cc5 4（二）/2.17	203.5	0.19	盐碱地
			中度盐化轻壤质厚沙心厚黏底盐化潮土	cc5 4（二）/2.18	205.4	0.19	盐碱地
			中度盐化轻壤质厚沙腰厚黏底盐化潮土	cc5 4（二）/4.18	153.1	0.14	盐碱地
			中度盐化中壤质厚沙腰厚黏底盐化潮土	cc5 5（二）/4.18	224.8	0.21	盐碱地
			轻盐化重壤质厚沙心盐化潮土	cc5 6（一）/2	129.8	0.12	盐碱地
			轻盐化重壤质厚心盐化潮土	cc5 6（一）/8	27.1	0.03	盐碱地
			轻盐化全剖面重壤质盐化潮土	cc5 6（一）/19	81.4	0.08	盐碱地

2 755.7hm²，占 32.7%；其余的均为中壤质，面积 1 734.4hm²，占 20.5%。从土体结构上分以蒙淤型面积最大，面积 3 526.9hm²，占 41.8%，蒙淤型中又以夹黏型为主，分布在河滩高地上相对低洼地区。全沙型居二，面积和比例与耕层质地沙质的相同，主要颁布在河滩高地上较高的部位。其主要土种及性状如下。

1. cal 3/19，全剖面沙壤质褐土化潮土

主要分布在牡丹区东城办事处魏海到牡丹办事处张集一线，牡丹办事处大高庄周围，何楼办事处河南王以南一带等处，面积 2 755.6hm²，占全区农用地面积的 2.5%。

该土种主要养分状况是有机质 12.6g/kg，全氮 0.91g/kg，碱解氮 87mg/kg，有效磷 24.4mg/kg，缓效钾 826mg/kg，速效钾 116mg/kg，pH 值为 8.08，交换性钙 2 965mg/kg，有效镁 61mg/kg，有效硅 286mg/kg，有效硫 35.2mg/kg，有效铁 12.24mg/kg，有效锰 5.63mg/kg，有效铜 1.98mg/kg，有效锌 1.31mg/kg，有效硼 0.39mg/kg，有效钼 0.20mg/kg。

2. cal 5/14，中壤质厚黏心褐土化潮土

主要分布在都司镇孔楼到尹楼之间，岳程办事处程海村北和阎庄周围，牡丹办事处的杨庄，佃户屯办事处孔楼到杜桥之间等外。面积 1 734.4hm²，占全区农用地面积的 1.6%。

该土种土壤养分状况较好，主要障碍因素是黏土层出现部位过高，而且比较坚实，有碍作物生长。

该土种主要养分状况是有机质 12.7g/kg，全氮 1.09g/kg，碱解氮 89mg/kg，有效磷 25.8mg/kg，缓效钾 858mg/kg，速效钾 123mg/kg，pH 值为 8.06，交换性钙 2 999mg/kg，有效镁 67mg/kg，有效硅 354mg/kg，有效硫 35.9mg/kg，有效铁 15.70mg/kg，有效锰 4.94mg/kg，有效铜 1.96mg/kg，有效锌 1.36mg/kg，有效硼 0.76mg/kg，有效钼 0.21mg/kg。

3. cal 4/14，轻壤质厚黏心褐土化潮土

该土种主要分布在何楼办事处火神庙东部和何楼周围，岳程办事处马庄、刘庄周围，佃户屯办事处河东彭堂东南以及何楼办事处金堤南部等处，面积 1 083.3hm²，占农用地面积的 1%。

该土种土壤养分含量较高，主要碍障因素是黏土层部位过高。

该土种主要养分状况是有机质 13.0g/kg，全氮 0.92g/kg，碱解氮 89mg/kg，有效磷 30.9mg/kg，缓效钾 880mg/kg，速效钾 135mg/kg，pH 值为 8.08，交换性钙 2 988mg/kg，有效镁 76mg/kg，有效硅 327mg/kg，有效硫 38.8mg/kg，有效铁 17.77mg/kg，有效锰 5.66mg/kg，有效铜 2.24mg/kg，有效锌 1.45mg/kg，有效硼 0.53mg/kg，有效钼 0.26mg/kg。

（二）潮土亚类

潮土亚类根据沉积物的质地和沉积物的成因及分布，我区潮土亚类可分为潮土和淤灌潮土两个土属。潮土亚类根据表面质地又可分为沙质潮土、壤质潮土、黏壤质潮土和黏质潮土四个土属。淤灌潮土土属共有 22 个土种，面积 6 489.87hm²。

1. 潮土土属

牡丹区潮土土属共有 30 个土种，面积为 75 118.3hm²，占农用地面积的 69.2%。

分布于牡丹区各个乡镇办事处和各种地貌类型。表层质地以沙壤为主，面积24 877.4hm²，占33.1%，壤质次之，面积22 078.4hm²，占29.4%，黏壤质居三，面积16 620.6hm²，黏质最少，面积11 541.9hm²，占15.4%。

该土属主要土种分布及性状如下：

（1）cb2 3/19，全剖面均沙质潮土。该土种全区共有19 189.5hm²，占农用地面积的17.7%，多分布在决口扇形地，河滩高地以及平坡地上，从位置上看多分布在牡丹区东北部和西南部以及北部，要主集中在胡集乡东部，沙土镇北部及中部，安兴镇东北部，马岭岗镇原马岭岗乡中东部、马岭岗镇原解元集乡大部，黄集镇西北部，小留镇北部，高庄镇原白虎乡东北部。

该土种保肥保水能力弱，漏水漏肥严重；土壤养分含量低，作物生长后期易出现脱肥。该土种宜耕期长，便于田间管理。

该土种主要养分状况是有机质11.3g/kg，全氮0.83g/kg，碱解氮79mg/kg，有效磷19.3mg/kg，缓效钾766mg/kg，速效钾81mg/kg，pH值为8.03，交换性钙2 954mg/kg，有效镁49mg/kg，有效硅136mg/kg，有效硫21.1mg/kg，有效铁9.88mg/kg，有效锰2.32mg/kg，有效铜1.06mg/kg，有效锌0.62mg/kg，有效硼0.35mg/kg，有效钼0.17mg/kg。

（2）cb2 4/4 轻壤质厚沙腰潮土。面积与分布：本区轻壤质厚沙腰潮土面积为9 011.07hm²，占农用地面积的8.3%，主要分布于黄堽镇、小留镇东部和西北部，吕陵、吴店、高庄三乡镇交界处，吕陵镇算王到马岭岗镇白杨张一带，王浩屯镇薛义屯至王沙岗一带。该土种耕层结构一般较好，土层深厚松紧较适中，通气孔隙较多，剖面中部有漏沙层，肥水管理要注意少施勤施。该土种在排水不畅，地下水位较高的地方，常常造成地表积盐，盐威胁较大。

该土种主要养分状况是有机质11.8g/kg，全氮0.82g/kg，碱解氮83mg/kg，有效磷22.9mg/kg，缓效钾726mg/kg，速效钾92mg/kg，pH值为8.07，交换性钙3 033mg/kg，有效镁49mg/kg，有效硅142mg/kg，有效硫20.7mg/kg，有效铁12.46mg/kg，有效锰3.9mg/kg，有效铜1.37mg/kg，有效锌0.76mg/kg，有效硼0.30mg/kg，有效钼0.17mg/kg。

（3）cb2 6/19 全剖面重壤质潮土。面积与分布：本区全剖面重壤质潮土面积为5 778.67hm²，占耕地面积的5.3%，主要分布在几个大洼里。该土种保肥能力强，养分含量高，全剖面质地黏重，犁底层明显，该土种地势低洼，易旱易涝。

（4）cb2 4/2 轻壤质厚沙心潮土。面积与分布：本区轻壤质厚沙心潮土面积为6 317.7hm²，占农用地面积的5.8%，主要分布于都司镇尹双河至黄堽镇侯集之间，沙土镇孔集周围，牡丹办事处何寨至李丁楼一线及李胡同周围，吕陵镇朱海至南郭庄之间，马岭岗镇解元集周围，万福办事处王本庄至马岭岗郭庄寨之间，大黄集镇黄集周围。在地理分布上多分布在高坡地与河槽地上，往往与沙质土相连。

该土种保肥保水能力差，通气透水性较好，升温较快，发小苗不发老苗，在地下水位低的地方，易返盐。

该土种主要养分状况是有机质 11.6g/kg，全氮 0.88g/kg，碱解氮 79mg/kg，有效磷 20.4mg/kg，缓效钾 765mg/kg，速效钾 82mg/kg，pH 值为 8.03，交换性钙 2 959mg/kg，有效镁 50mg/kg，有效硅 145mg/kg，有效硫 23.9mg/kg，有效硅 176mg/kg，有效铁 11.92mg/kg，有效锰 2.30mg/kg，有效铜 1.06mg/kg，有效锌 0.67mg/kg，有效硼 0.42mg/kg，有效钼 0.19mg/kg。

（5）cb2 5/14 中壤质厚黏黏心潮土。面积与分布：本区中壤质厚黏黏心潮土面积为 6 284.1hm²，占农用面积的 5.8%，主要分布于岳程办事处辛集南部以及辛集至朱庄，伊庙至左庄一带，佃户屯办事处东部，沙土镇新兴和安兴镇东南部，安兴镇西部，皇镇乡中南部等地。

该土种大部分分布在浅平洼地和碟形洼地。该土种耕层质地为中壤，第二层土壤质地为重壤质。该土种耕层土壤较薄，黏土层出现部位过高，有的呈片状结构，根系难以下扎，成为障碍层次，同时，该土种多处于相对低洼地区，潜水较高，地表水又难于下渗，往往有渍涝现象发生。该土种保肥性能好，养分储备多，发老苗不发小苗。该土种土壤紧实，土温上升慢，属凉性土。

该土种主要养分状况是有机质 13.5g/kg，全氮 1.14g/kg，碱解氮 93mg/kg，有效磷 35.9mg/kg，缓效钾 927mg/kg，速效钾 129mg/kg，pH 值为 8.07，交换性钙 3 028mg/kg，有效镁 63mg/kg，有效硅 306mg/kg，有效硫 30.4mg/kg，有效铁 17.50mg/kg，有效锰 4.90mg/kg，有效铜 2.09mg/kg，有效锌 1.47mg/kg，有效硼 0.71mg/kg，有效钼 0.27mg/kg。

2. 淤灌潮土土属

淤灌潮土是人工引黄的沉积物，主要分布在李村、高庄两个乡镇的中北部，面积 6 489.9hm²，占农用地面积的 6.0%。

牡丹区淤灌潮土，地处黄河南侧，分布在我区西北部的缓平坡地上，海拔高度为 52～53 米，从北向南，以沉沙池为单元，呈阶梯式下降，平均坡降为 1/12 000。表层质地以黏质土为主，面积 3 050.2hm²，占 47.0%，沙土地 1 800.3hm²，占 27.7%，以壤质土地最少，面积 1 639.4hm²，占 25.3%。淤灌土的构型以蒙沙型面积最大，面积 2 112.2hm²，占 32.5%，其次是内排水型，面积 1 804.1hm²，占 27.8%，全沙型居三，面积 1 003hm²，占 15.5%，其他构型 1 569.7，占 24.4%。

淤灌潮土的特点具体如下。

①土壤疏松，通透性较好，有利于作物根系下扎；②潜水埋深浅，土性较凉；③漏沙型体多，保水保肥性能差。

该土属共分 22 个土种，其中，面积较大的土种有 3 种，分述如下。

（1）cb2′6/2 重壤质厚沙心淤灌潮土。面积与分布：本区重壤质厚沙心淤灌潮土面积为 1 654.9hm²，占 1.5%。主要分布在李村镇李村集、辛寨、郝寨周围，以及高庄镇兰口、田桥等处。该土种地下水位较高，构型不好，盐化威胁严重。

该土种主要养分状况是有机质 12.5g/kg，全氮 0.89g/kg，碱解氮 91mg/kg，有效磷 23.7mg/kg，缓效钾 846mg/kg，速效钾 103mg/kg，pH 值为 8.05，交换性钙

3 007mg/kg，有效镁 57mg/kg，有效硅 298mg/kg，有效硫 28.3mg/kg，有效铁 16.69mg/kg，有效锰 6.10mg/kg，有效铜 1.97mg/kg，有效锌 1.43mg/kg，有效硼 0.63mg/kg，有效钼 0.20mg/kg。

（2）cb2'3/16，沙壤质厚黏腰淤灌潮土。面积与分布：该土种面积为 543.9hm²，占 0.5%。主要分布在高庄镇王刘庄周围，朱楼到李庄集东南部一线，以及李村镇前楼到李村一线。该土种在腰部有一个厚黏土层，保肥保水性能好。

该土种主要养分状况是有机质 13.2g/kg，全氮 0.98g/kg，碱解氮 89mg/kg，有效磷 29.3mg/kg，缓效钾 830mg/kg，速效钾 119mg/kg，pH 值为 8.06，交换性钙 2 999mg/kg，有效镁 62mg/kg，有效硅 312mg/kg，有效硫 26.7mg/kg，有效铁 16.84mg/kg，有效锰 5.15mg/kg，有效铜 2.00mg/kg，有效锌 1.42mg/kg，有效硼 0.57mg/kg，有效钼 0.26mg/kg。

（3）cb2'6/4，重壤质厚沙腰淤灌潮土。面积与分布：该土种面积为 718.9hm²，占 0.7%。主要分布在高庄镇阁楼村南经徐河至王刘庄一线，曹庄到赵庄一线，以及高庄镇白虎西北部等处。

该土种表层质地黏重，适耕期短。

该土种主要养分状况是有机质 12.6g/kg，全氮 0.9g/kg，碱解氮 89mg/kg，有效磷 25.3mg/kg，缓效钾 743mg/kg，速效钾 109mg/kg，pH 值为 8.06，交换性钙 2 988mg/kg，有效镁 57mg/kg，有效硅 279mg/kg，有效硫 28.9mg/kg，有效铁 16.79mg/kg，有效锰 5.12mg/kg，有效铜 2.02mg/kg，有效锌 1.37mg/kg，有效硼 0.59mg/kg，有效钼 0.25mg/kg。

（三）盐化潮土亚类

盐化潮土是在一定的气象、水文、水文地质等条件综合作用下形成的，盐化潮土亚类在我区仅有氯化物土属，共 39 个土种，面积为 16 929.3hm²，占农用地面积的 15.6%。本区盐化潮土亚类耕层质地以沙壤质为主（包括紧沙 134.5hm²），面积 7 482.7hm²，占 44.2%；其次为轻壤质，面积 6 839.4hm²，占 40.4%；再其次是中壤质（包括重壤质 108.4hm²），面积 2 607.1hm²，占 15.4%。盐化潮土的构型比较繁杂，主要的构型有全沙型，面积 4 746.1hm²，占 29.5%；蒙金型 2 810.3hm²，占 16.6%；第三是蒙淤型 2 771.2hm²，占 16.4%。其主要土种分布及性状如下：

1. cc5 4（一）/4，轻盐化中壤质厚沙心盐化潮土

面积与分布：该土种面积为 1 999.9hm²，占 1.8%。主要分布在高庄镇赵楼、小留镇吴油坊、黄堰镇宋堂等村庄周围，以及何楼办事处孟寨西北部，毛海西南部，沙土镇朱庄村东北部等处。

该土种通透性差，盐碱危害是土壤主要障碍因素。

该土种主要养分状况是有机质 11.6g/kg，全氮 0.87g/kg，碱解氮 82mg/kg，有效磷 29.3mg/kg，缓效钾 745mg/kg，速效钾 99mg/kg，pH 值为 8.13，交换性钙 2 984mg/kg，有效镁 53.0mg/kg，有效硅 175mg/kg，有效硫 29.1mg/kg，有效铁

13.70mg/kg，有效锰 6.14mg/kg，有效铜 2.02mg/kg，有效锌 1.07mg/kg，有效硼 0.51mg/kg，有效钼 0.21mg/kg。

2. cc5 5（一）/14，轻盐化中壤质厚黏心盐化潮土

面积与分布：该土种面积为 1 023.2hm²，占 0.9%。该土种主要分布在安兴镇赵庄周围以及冯庄西部等处。

该土种主要障碍因素是盐碱和黏土部位出现较高，土壤板结紧实。

该土种主要养分状况是有机质 12.8g/kg，全氮 0.92g/kg，碱解氮 89mg/kg，有效磷 25.1mg/kg，缓效钾 833mg/kg，速效钾 101mg/kg，pH 值为 8.06，交换性钙 2984mg/kg，有效镁 50mg/kg，有效硅 257mg/kg，有效硫 27.3mg/kg，有效铁 16.29mg/kg，有效锰 5.29mg/kg，有效铜 1.99mg/kg，有效锌 1.38mg/kg，有效硼 0.57mg/kg，有效钼 0.22mg/kg。

3. cc5 4（二）/16，中度盐化轻壤质厚黏腰盐化潮土

面积与分布：该土种面积为 705.4hm²，占 0.6%。主要分布在王浩屯镇新樊寺村东部，沙土镇新杰南部及佃户屯办事处曹楼南部等处。

该土种为蒙金型，保肥保水性能好，盐碱较重。

该土种主要养分状况是有机质 13.2g/kg，全氮 0.96g/kg，碱解氮 84mg/kg，有效磷 30.5mg/kg，缓效钾 931mg/kg，速效钾 123mg/kg，pH 值为 8.15，交换性钙 2 991mg/kg，有效镁 67mg/kg，有效硅 347mg/kg，有效硫 29.9mg/kg，有效铁 14.81mg/kg，有效锰 6.16mg/kg，有效铜 2.04mg/kg，有效锌 1.39mg/kg，有效硼 0.57mg/kg，有效钼 0.26mg/kg。

4. cc5 3（一）/19 中度盐化全剖面紧沙质盐化潮土

面积与分布：该土种面积为 1 777.1hm²，占 1.64%。主要分布在王浩屯镇贾寨到水牛李一线，沙土镇房庄周围，佃户屯办事处虎头李东北部和小留镇西、北部等处。

该土种主要障碍因素是沙、碱、薄。

该土种主要养分状况是有机质 10.2g/kg，全氮 0.77g/kg，碱解氮 56mg/kg，有效磷 19.3mg/kg，缓效钾 543mg/kg，速效钾 76mg/kg，pH 值为 8.21，交换性钙 2 946mg/kg，有效镁 42mg/kg，有效硅 156mg/kg，有效硫 19.4mg/kg，有效铁 7.82mg/kg，有效锰 2.39mg/kg，有效铜 1.47mg/kg，有效锌 0.79mg/kg，有效硼 0.33mg/kg，有效钼 0.14mg/kg。

第二节 土地利用状况

根据牡丹区 2005 年统计年鉴统计数据，牡丹区土地总面积为 142 904.2hm²。

（一）全区农用地面积为 112 652.9hm²，占土地总面积的 78.8%

建设用地为 26 861.5hm²，占 18.8%，未利用地 3 389.8hm²，占 2.4%。全区耕地面积 95 433.4hm²，占农用地面积的 84.7%；林地 5 250.5hm²，占农用地面积的

4.7%；其他农用地面积 11 073.5hm²，占农用地面积的 9.8%；园地面积 895.6hm²，占农用地面积的 0.8%。其中，水浇地面积为 51 380.32hm²，占耕地面积的 82.56%，旱地面积为 9 678.36hm²，占总耕地面积的 15.55%，菜地面积 1 144.33hm²，占耕地面积的 1.89%。

（二）园地面积为 895.6hm²，占农用地面积的 0.8%

构成以果园为主，面积为 553.5hm²，占园地面积的 61.8%；其他园地面积为 340.2hm²，占 38.0%；桑园面积为 1.9hm²，占 0.2%。

（三）林地面积为 5 250.5hm²，占农用地面积的 4.7%

林地构成以有林地和疏林地为主，有林地面积为 474.91hm²，占全区有林地面积的 90.5%；其次为疏林地，面积为 22.01hm²，占全区林地面积的 4.2%；未成林造林地面积 174.49hm²，占 3.3%；苗圃面积为 102.81hm²，占 2.0%。

（四）其他农用地面积 11 073.5hm²

其中，农村道路最多，为 4 230.1hm²，占其他农用地 38.25%；其次为农田水利用地 3 637.0hm²，占 32.8%；坑塘水面 1 977.3hm²，17.9%；晒谷场等用地 926.8hm²，占 8.4%；养殖水面 180.0hm²，占 1.6%；畜禽饲养用地 122.2hm²，占 1.1%。

（五）建设用地 26 861.5hm²，占全区土地总面积的 18.8%

建设用地中以城镇、居民点及工矿用地为主，面积为 23 731.5hm²，占建设用地面积的 88.3%；交通运输用地面积为 1 919.9hm²，占建设用地面积的 7.2%；水利设施用地 1 210.0hm²，占建设用地面积的 4.5%。

（六）全区未利用土地 3 389.8hm²，占土地总面积的 2.4%

其中，未利用土地面积为 755.1hm²，占未利用土地的 22.3%，其他土地面积为 2 634.7hm²，占 77.7%。全区未利用土地构成中，以其他未利用土地为主，面积为 630.5hm²，占未利用土地的 83.5%；荒草地面积 122.2hm²，占 16.2%，盐碱地面积 2.4hm²，占 0.3%。

其他土地构成中，以河流水面为主，面积为 1 760.7hm²，占 66.8%；滩涂面积 874.2hm²，占 33.2%。

第三节　耕地利用与管理

一、耕地利用现状

牡丹区耕地面积为 95 433.4hm²，耕地地类构成以水浇地为主，面积为 93 807hm²，占耕地面积的 98.3%；旱地面积为 1 626.4hm²，占耕地面积的 1.7%。如表 2-5 所示。

表 2-5　牡丹区各乡镇地类面积　　　　　　（单位：hm²）

地类名称	耕地面积	占耕地总面积的（％）	耕地		
			水浇地	旱地	园地
牡丹区	95 433.4	100	92 656.8	1 626.4	1 150.2
东城	49.7	0.05	46.6		3.1
西城	429.7	0.45	423.8		5.9
南城	198.8	0.21	198.8		
北城	476.4	0.50	353.6		122.8
丹阳	1 060.4	1.11	1 055.8		4.6
牡丹	3 520.7	3.69	3 278.5	195.1	47.1
岳程	2 788.6	2.92	1 614.5	1 165.8	8.3
佃户屯	3 744.2	3.92	3 730.3		13.9
万福	3 071.8	3.22	3 035.6		36.2
何楼办	5 989.9	6.28	5 966.8		23.1
沙土镇	9 020.7	9.45	8 619.9		400.8
安兴镇	4 021.9	4.21	3 991.7		30.2
都司镇	2 754.5	2.89	2 736.2		18.3
黄堽镇	5 924.4	6.21	5 917.1		7.3
小留镇	4 433.7	4.65	4 411.5		22.2
高庄镇	6 226.8	6.53	6 186.2		40.6
李村镇	7 125.6	7.47	7 113.0		12.6
吕陵镇	5 636.7	5.91	5 613.3		23.4
吴店镇	4 060.4	4.25	3 993.2		67.2
马岭岗	8 287.4	8.68	8 133.9		153.5
大黄集	4 349.9	4.56	4 328.7		21.2
王浩屯	5 936.7	6.22	5 902		34.7
胡集乡	3 009.6	3.15	2 997.4		12.2
皇镇乡	3 314.8	3.47	3 008.3	265.5	41.0

　　牡丹区属温带大陆性季节气候，牡丹区境内水资源总量 30 621.7万 m³。其中，地表水 8 316.3万 m³，地下水 22 305.4万 m³。可利用水资源总量 43 379.7万 m³，其中，地表水资源可利用量 2 231.9万 m³，地下水可利用量 15 613.8万 m³，客水（黄河水）25 534万 m³。

　　地表水资源来源于大气降水，控制降水径流主要靠河道节制闸拦蓄和坑塘滞蓄。境内共有河道节制闸 28 座，一次拉蓄降水径流量 1 372.3万 m³，可利用量 960.7 万 m³。黄河流经西北边境，长 14.9km，多年平均径流量 362 亿 m³。1991—2005 年，农田灌溉年均引用黄河水 21 424万 m³，东明区谢寨引黄闸向牡丹区年均供水 4 110万 m³。

本区是农业大区，种植作物以小麦、玉米、棉花、蔬菜为主，种植制度以一年两熟为主，典型的种植制度是小麦—玉米，小麦—棉花。近年来由于国家加大了对"三农"的政策扶持力度和资金投入，提高了农民的生产积极性，使耕地利用情况日趋合理。主要表现在以下几个方面：一是耕地产出率高，2008 年全区粮食总产达到 60.92 万 t，夏粮总产达到 37.6 万 t，棉花总产 1.24 万 t，瓜菜总产量 76.87 万 t，水果总产量达 37.37 万 t。二是耕地利用率高，随着新科技、新品种的不断推广，间作套种等耕作方式的合理利用，蔬菜大棚生产的快速发展，耕地复种指数不断提高。2008 年农作物总播种面积 237.2 万 hm²，复种指数 198.5%。三是产业结构日趋合理，粮、经作物比例达到 6：4。四是基础设施进一步完善，全区机井保有量达 11 662眼，有效灌溉面积 93.15 万 hm²，旱涝保收面积 62.68 万 hm²。牡丹区耕地中二水区为 17 702.3hm²，占总耕地面积的 18.55%；三水区为 53 891.24hm²，占总耕地面积的 56.47%；四水区为 23 840.1hm²，占总耕地面积的 24.98%；全区没有浇不上水的耕地。

二、耕地保养

"十分珍惜、合理利用土地和切实保护耕地"是我们的基本国策，在确保不踏耕地红线的前提下，必须确保耕地质量的不断提高，合理利用耕地，不断提高耕地的产出率。牡丹区地势平坦，土层深厚，光热充足，降水较多，有利于农业生产的发展，加之耕种历史悠久，人口稠密，土地利用率较高，农林水措施对土壤的改良起着重要的影响，新中国成立以来，全区曾先后对土地进行了几次大规模的整治，其中，20 世纪50 年代大搞了深翻改土和排涝工程的建设；60 年代大挖台田，即排涝，又能压沙盖淤改良土壤；70 年代大搞了平整土地，桐粮间作，使土地畦田化，扩大了水浇面积；80年代大力增施肥料（特别是氮、磷肥），提高复种指数，使土地利用率大大提高，这些人为的改土措施对农业生产起了很大的促进作用，同时也不同程度地改善了土壤的肥力状况，使盐碱地面积逐年减少，危害程度减轻，受涝灾的威胁逐年减小，水浇面积逐年增加。

党的十一届三中全会以后，特别是家庭联产承包责任制的实施，农民的积极性空前高涨，对土地的投入成倍增加，产量也大幅度提高，有力地促进了农业的全面发展。但随着经济的迅速发展，大量农民进城务工，转向二三产业，加上长期以来种粮经济效益偏低，种粮农民增收困难，农业生产资料价格上涨等因素，导致农业生产基础投入不断下降，农田道路、桥涵、井渠等农业基础设施年久失修；同时，由于农民大量施用化肥、重氮轻磷，轻施有机肥，导致土壤氮、磷、钾及微量元素比例严重失调，造成了肥料资源浪费和农业面源污染，制约了农业综合生产能力的提高，使得优良品种的增产和增质潜力很难发挥，成为制约现代农业发展的"瓶颈"。

近年来，国家对农业的扶持力度不断加大，相继开展了国家生态环境建设、商品粮基地建设、农业综合开发、旱作农业示范区建设、测土配方施肥工程。尤其是党的十七届三中全会对保护粮食安全、巩固农业基础地位等方面重新制定了更加有力的政策措施，加大了农业基础设施建设，加强良种繁育、中低田改造、农业科技服务与推广，对农业持续快速发展将起到强有力的支撑作用。

1979 年，牡丹区开展了土壤普查工作，系统地划分了土壤类型、详细地分析了各种土壤类型的形成原因、存在问题及改良利用方向，认真总结分析了当时高中产田土壤条件，确定了土壤培肥措施和目标，为其后的配方施肥、土壤改良提供了依据，推动了磷肥的广泛施用，实现了农产品产量的飞跃。

近年来，国家加大对农业的扶持力度，特别是 2006 年开展测土配方施肥项目以来，通过项目的实施，从不同程度上改变了群众的传统施肥观念，使施肥更加趋于合理，降低了农业的面源污染，提高了耕地质量，使农业步入良性发展的轨道。

三、耕地障碍因素分析

土壤的障碍因素是指土壤中含有某些不利于作物生长发育的因素或缺乏某种营养元素，严重影响作物的生长发育。归纳起来牡丹区耕地主要存在以下几个问题：

（一）土壤盐碱化

盐碱地是影响牡丹区农业生产的主要障碍因素之一，到 1979 年土壤普查时，牡丹区仍有盐碱地 18 483.4hm²，占总耕地面积的 17.0%，其中，轻度盐碱有 19 个土壤类型，面积 8 231.8hm²；中度盐碱有 16 个土壤类型，面积 8 044.4hm²；重度盐碱有 4 个土壤类型，面积 674.4hm²。从表层质地来分，沙质盐碱地 8 019.5hm²，占 43.2%；轻壤质盐碱地 7 172.7hm²，占 38.9%；中壤质盐碱地 3 242.9hm²，占 17.5%；从土体构型来分，主要有：全沙型 5 463.1hm²，占 29.6%；蒙金型 2 810.3hm²，占 15.2%；蒙淤型 3 131.7hm²，占 16.9%。20 多年来，通过完善土地整治、田间排溉等农田基本建设，通过秸秆还田、有机肥施用、测土配方施肥等项目配套保障措施，牡丹区盐碱地得到了有效改良，作物产量成倍增长。但近几年来，牡丹区雨水较多，潜水位抬高，再加上不合理的灌溉，如大水漫溉、有灌无排，个别地块出现返盐和盐渍化现象，严重影响了作物的生长。

（二）土壤偏沙

土壤质地偏沙是影响农业生产的重要因素。通过土壤普查，全区有全沙型地 28 973.6hm²，占可利用面积的 30.36%，此类土壤全剖面均为沙质土壤，土地瘠薄，保肥水能力差，土壤易于耕作，耐涝不耐旱。该类土壤 1m 以内上体为沙壤土，土壤剖面多呈灰褐色，结构差或无结构，中下部有锈纹锈斑，潜水埋深较浅，土壤地力差，保肥能力低，不耐旱。其次是底沙型，面积 33 812.1hm²，占总面积的 35.43%。表层为壤黏质，心腰或腰底或心、腰底为沙质（上壤黏下沙），作物生长后期易脱水脱肥，利用中应加强肥水管理，加强作物生长中、后期追肥管理，防止作物早衰。

（三）土壤养分含量低

土壤瘠薄，养分含量低，也是影响牡丹区农业生产的重要因素。据化验统计，全区土壤有机质平均含量为 13.8g/kg，全氮 0.95g/kg，碱解氮 86mg/kg，有效磷 22.6mg/kg，速效钾 122mg/kg，缓效钾 858mg/kg；微量元素中，有效锌 1.16mg/kg，有效硼 0.77mg/kg，有效锰 8.23mg/kg，有效铜 1.88mg/kg，有效铁 12.69mg/kg。其中，有机质含量小于 12g/kg 的面积占 25.82％。碱解氮含量在 75mg/kg 以下面积占 35.24％。有效磷含量小于 15mg/kg 的面积占 19.78％。总起来看，全区土壤有机质含量属中等偏低水平，土壤氮、磷比例失调，有效磷相对缺乏，碱解氮含量水平也不高，只有速效钾含量比较丰富，微量元素中硼较缺乏。

（四）土壤养分不协调

一是有机肥施用量偏少，增加有机肥的投入、提高土壤有机质含量是培肥地力的重要措施。据统计蔬菜田平均施有机肥 15 000kg/hm²，在有机肥的施用上有 40％的农户直接施用新鲜或半腐熟的有机肥。二是过量施肥，导致土壤盐渍化、作物病害加重、产品质量下降。三是肥料配比不合理，据统计粮田年平均施用化肥实物量 3 151.8kg/hm²，折合 N 777.9kg/hm²，P_2O_5 208.1kg/hm²，K_2O 60.5kg/hm²，N：P_2O_5：K_2O＝1：0.27：0.08；蔬菜田年平均施用化肥实物量 4 425kg/hm² 折合纯 N 642kg/hm²，P_2O_5 506kg/hm²，K_2O 310.3kg/hm²，N：P_2O_5：K_2O＝1：0.79：0.48，与作物需要量相比明显不平衡，由于养分不协调，破坏了土壤结构和土壤养分平衡，易导致土壤盐渍化。

（五）耕作层变浅，犁底层坚硬

随着农业生产的发展，一些小型的农机具增多。农民为省事方便，大多采用农机旋耕，耕作深度一般在 15～20cm，这样长期耕作，势必造成耕作层逐年变浅，犁底层逐年变硬。耕层以下的土壤物理性状逐渐变差，如土壤容重增大，总孔隙度减小，土壤通透性差，土壤结构坚实，土壤的蓄水保水能力降低，不利于作物根系下扎和生长发育。

（六）土壤的次生盐渍化

土壤次生盐渍化与地形、水文条件密切相关，在地势较高，排水较好的地方，土壤不易盐碱化。而低洼地区，如洼地的边缘，或缓平坡地的中下端，潜水埋深较浅，并由于排水不畅，盐分向地表聚积，极易盐碱化。表现为"大中洼"的盐碱分布规律，即较大范围内，比较洼的地方易泛盐碱；在小范围低洼地形内，盐碱又具有往高处爬的特点，因而分布在较高处，表现为"洼中高"的分布规律。在潜水位较高时，土壤含水量超过田间持水量时，水质较差（矿化度在 2～3g/L），蒸发量是降水量的 2.1 倍时，易产生次生盐渍化。在潜水位较高情况下，长期灌水的蔬菜大棚、大蒜地块，大水漫灌时，也易产生次生盐渍化。长期大量施用化肥，导致土壤盐分积累，也易产生次生盐渍化。因此，应当深挖排水沟，疏通沟渠，使之排水畅通，降低潜水位，使地表盐分下淋，并随水冲洗走。同时应结合土壤肥力状况，合理施用化肥，采用滴灌、微灌等措施，合理灌溉。

（七）土壤 pH 值较高

牡丹区耕地土壤 pH 值为 8.14，变化范围为 7.0～8.4，在偏碱性的土壤中，施用铵态氮肥和酰胺态氮肥，NH_4^+ 在土壤中易转变成氨气挥发损失，磷肥也易被固定为作物难以吸收利用的难溶性磷酸盐，从而降低肥效。在农业生产中要注意增施有机肥，施用生理酸性肥料，不宜施用碱性肥料。

四、耕地施肥状况及存在问题

(一)有机肥施用状况及存在问题

牡丹区有机肥施用主要存在两个方面的问题:一是有机肥投入不足,二是有机肥施用方法不合理。

第一,全区农家肥总量131.1万t,其中,堆肥24.1万t,厩肥67.5万t,土杂肥39.5万t,总用量100.8万t,单位用量6 302kg/hm²,畜禽粪便总量11.4万t,传统堆沤处理粪便9.4万t,工厂化处理只1.6万t,占总量的74.5%,沼气化处理0.28万t,占总量的2.5%。

秸秆利用情况:小麦机收率95%以上,秸秆大部分直接还田,但每年都存在着秸秆焚烧现象,玉米秸秆直接还田的占85%以上。杂粮及其他作物秸秆90%左右作燃料。

近年来,商品有机肥得到了广泛应用,80%以上蔬菜田施用商品有机肥,而粮田则很少施用。

从不同作物有机肥施用量比较来看,蔬菜田平均施有机肥15 000kg/ hm²,粮田平均施有机肥1 500kg/hm²,二者相差10倍左右。

第二,据调查,有40%的农户直接施用新鲜有机肥,或施用沤制不彻底半腐熟的有机肥,造成作物烧苗烂根,严重影响作物产量和品质。

(二)氮磷钾肥施用状况及存在问题

据统计,牡丹区2008年化肥施用实物量为300 785.9t(折纯量90 538.4t),其中,氮肥154 309.6t(折纯量52 773.9t),磷肥81 918.5t(折纯15 564.5t),钾肥15 044.7t(折纯3 385.1t),复合肥49 513.1t(折纯18 815.0t),年平均3 151.8kg/hm²(折纯948.7kg),粮田年平均施用化肥实物量3 151.8kg/hm²,折合N 777.9kg/hm²,P_2O_5 208.1kg/hm²,K_2O 60.5kg/hm²,蔬菜田年平均施用化肥实物量4 425kg/hm²,折合纯N 642kg/hm²,P_2O_5 506kg/hm²,K_2O 310.3kg/hm²,与作物需肥量相比明显不平衡。

近几年,通过实施测土配方施肥项目,群众的施肥观念得到一定程度的改变,群众对测土配方施肥的认识水平不断提高,施肥更加趋于科学合理化,肥料品种由过去的单质肥料,如碳酸氢铵、尿素、过磷酸钙、氯化钾、硫酸钾等,逐渐向复合肥特别是配方肥过渡,如小麦底肥配方为:18-18-9,15-20-10,17-18-5;蔬菜底肥配方为16-11-18,玉米追肥配方为28-5-7,棉花追肥配方为20-8-12。但仍然有少部分农户在施肥上存在着盲目施肥现象,一是过量施肥,不问地力状况,盲目增加施肥量,尤其在蔬菜田表现更为突出,易造成烧种烧苗。在大棚蔬菜上同样也存在着过量施肥的问题,由于化肥的过量施用,加上有机肥投入相对不足,连年重茬,土壤中盐分积累越来越多,造成土壤次生盐渍化,土壤理化性状逐年变差,作物病害逐年加重,产量下降和品质变差。致使有些老菜区被迫改种粮食作物。二是肥料配肥不合理,据调查牡丹区蔬菜田氮磷钾的施用比例是1:0.79:0.48,而蔬菜吸收氮磷钾的比例是1:0.34:1.23,由于养分不协调,不仅不能提高作物产量和品质,反而增加了成本,破坏了土壤结构。

（三）微肥施用现状及存在问题

中微量元素同大量元素一样，对作物的生长发育有同等重要的作用。据化验分析，牡丹区土壤普遍缺硫，大部分缺硼，部分地块缺锌、缺铁、缺铜，施用硫肥及微肥有明显的增产效果。在中微肥施用上我们针对不同种植作物，合理推荐补施中微肥。如小麦补施硫肥、硼肥，玉米补施锌肥，棉花补施硼肥，蔬菜增施硼、钼肥，果树增施铁肥等，都取得了较好的增产效果。据调查，全区蔬菜上中微肥施用面积占60%以上，粮田施用中微肥面积占20%以上。存在问题：一是少部分农户对中微肥施用认识不足，认为施用中微量元素肥效果不大，且成本增加；二是农资市场上假冒伪劣微肥较多，农户很难辨别真假，不敢施用。据调查，市场上约有90%以上的硫酸锌或硼砂是硫酸镁加工而成的。

五、历史化肥用量及粮食产量变化趋势

牡丹区1997—2008年化肥施用量及粮食产量情况如表2-6所示。

表 2-6　牡丹区 1998—2008 年化肥及粮食产量统计

年份	化肥施用量（t）						粮食总产量（t）	小麦		玉米	
	实物量				总折纯			总产（t）	单产（kg/hm²）	总产（t）	单产（kg/hm²）
	合计	氮肥	磷肥	钾肥	复合肥						
1998	162 368	75 236	64 359	9 762	13 011	48 467	467 171	232 992	4 395	157 642	5 562
1999	188 224	87 217	74 608	11 317	15 082	56 192	557 182	332 272	5 721	23 136	5 886
2000	161 829	83 421	66 894	11 514	13 333	52 798	461 804	256 990	5 280	128 019	6 609
2001	158 321	78 543	59 082	9 342	11 354	46 131	468 679	246 743	5 100	150 063	6 356
2002	173 883	85 432	60 351	9 421	18 679	52 155	428 700	221 455	5 111	87 613	5 730
2003	177 630	87 633	61 339	9 365	19 293	53 279	405 600	168 190	4 587	87 567	4 545
2004	200 889	94 950	62 982	10 316	32 641	59 679	366 049	215 980	5 359	109 321	5 254
2005	200 889	94 950	62 982	10 316	32 641	59 679	540 149	337 968	4 980	149 598	5 952
2006	200 889	94 950	62 982	10 316	32 641	59 679	609 797	372 702	5 355	172 373	6 487
2007	217 229	108 423	63 238	11 618	33 950	64 232	660 418	421 726	6 280	170 077	6 593
2008	233 620	119 852	63 626	11 685	38 457	70 321	609 214	376 004	5 612	168 566	6 069

由表2-6及变化趋势图2-1、图2-2和图2-3可以看出，牡丹区化肥施用总量呈逐步增加趋势，施肥结构不断发生变化，氮肥施用量变化不大，磷肥有减少的趋势，钾肥施用量呈上升趋势，复合肥用量逐年增加。氮、磷、钾比例较以前逐步提高，表明农户施肥意识正在逐步改变，科学施肥水平不断有所提高。但同时农户施用化肥种类和数量受肥料价格影响程度很大，肥料价格相对低时，农户施肥量偏高；反之，化肥施用量偏低。

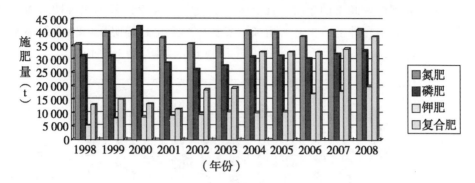

图 2-1　牡丹区 1998—2008 年化肥实物量变化趋势

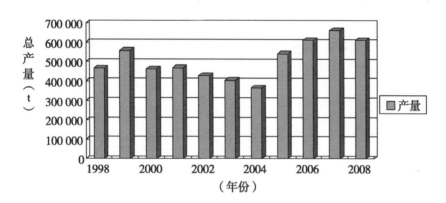

图 2-2　牡丹区 1998—2008 年总粮食产量变化趋势

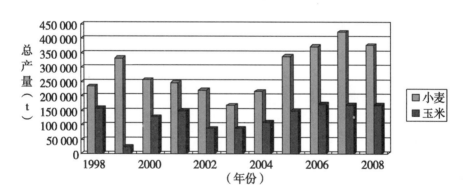

图 2-3　牡丹区 1998—2008 年小麦玉米总产量趋势

　　由表 2-6 及变化趋势图 2-1、图 2-2 和图 2-3 可以看出，牡丹区粮食总产量总体上呈逐渐增加趋势，与化肥施用量及粮食价格有较大关系。粮食产量变化：1999—2003 年粮食产量呈回落趋势，2004 年开始回升，2005—2008 年粮食总产呈上升态势，2008 年因气候原因产量有所下降。不同年份间有所起伏，但总趋势是逐年增加的。这得益于国家一系列惠农政策的落实，加大支农力度，广大农户种田积极性增强，农业投入量不断增加，粮食种植面积有所增加。粮食单产变化趋势明显，2008年小麦单产是1998年的1.27倍，玉米单产是1998年的1.09倍，如图2-4所示。

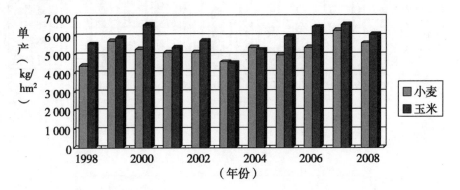

图2-4　牡丹区1998—2008年小麦玉米单产变化趋势

第三章　样品采集与分析

第一节　土壤样品的布点与采集

土壤样品采集是搞好耕地地力评价的基础工作，采集有代表性的样品，是使测定结果能如实反映客观情况的先决条件。

一、土壤样品布点

（一）布点原则

一是在采样总数量和按规定的密度进行布点；二是考虑地形、地貌、土壤类型、肥力高低、作物种类等，保证采样点具有典型性和代表性，同时兼顾空间分布的均匀性；三是蔬菜地考虑设施类型、蔬菜种类、种植年限等，果园考虑树龄、长势等，同时还要考虑不同时期采样点数的分配。

（二）布设点位图

利用牡丹区土地利用现状图、土壤图、行政区划图、水利分区图、土壤普查及历次养分调查、农业生产资料统计年报，各乡镇化肥施用量等资料，划分全区17个乡镇4个办事处为项目区。在土壤利用现状图上进行布点，划分若干个采样单元，平均每个采样单元为 $26.67 \sim 33.33 hm^2$。2006—2008年共完成图上布点7 066个，其中，2006年2 022个，2007年2 022个，2008年3 022个，同时分乡镇分别布设了点位图。

二、土壤样品采集

土样采集时间在大田作物收获后或播种施肥前采集，一般在秋后。设施蔬菜在晾棚期采集，果园在果品采摘后的第一次施肥前采集。进行氮肥追肥推荐时，在追肥前或作物生长的关键时期采集样品。土样是多个采集点的混合样品，一个混合土样在采样单元相对中心位置的典型地块采集，即有代表性的一个农户的一个地块中采集，采样地块面积一般在 $667 \sim 6\,667 m^2$。日光温室、塑料大棚里采样在同一个棚内采集。大田土样采集深度为 $0 \sim 20 cm$，蔬菜 $0 \sim 25 cm$，果园为 $0 \sim 40 cm$。在已确定的田块中心，用GPS定位仪定位，记录经纬度，精确到 $0.1''$。向四周辐射采集多个分样点，每个混合土壤样取15个点以上，每个分样点的采土部位、深度、数量一致。采样工具用不锈钢土钻，采样时避开沟渠、林带、田埂、路旁、微地形高低不平地段；根据采样地块的形状和大小，确定适当的采样方法，长方形地块用"S"法，近似正方形的地块采用棋盘形采样法，采集的各样点土壤用手掰碎，挑出根系、秸秆、石块、虫体等杂物，充分混匀后，四分法留取 1.5kg 装入样品袋。用铅笔填写两张标签，土袋内外各有一张。标签主要内容为：野外编号（要与图上及调查表编号相一致）、采样地点、采样深度、采样时间、采样人等。

蔬菜地混合样点按照沟、垄面积比例确定沟、垄取土点位的数量。果园一般在树冠范围内由树干以外的 2/3 处采集，选择 8～10 棵，每棵树对角采 2 点。

测定土壤容重等物理性状，直接用环刀在各土层中采取。每个样品采集 3 个环刀样。大田在 7～12cm 采集，蔬菜地容重样品的采集选择栽培蔬菜的部位，第一层在 10～15cm 采集，第二层在 35～40cm 采集。采取土壤结构性的样品，注意土壤湿度，不宜过干或过湿，应在不黏铲、经接触不变形时分层采取。在取样过程中保持土块不受挤压、不变形，尽量保持土壤的原状，如有受挤压变形的部分要弃去。

为确保取土质量，成立了由分管局长为组长，技术骨干为成员的田间取土队伍，落实车辆 4 部，分 4 组分赴各乡镇现场取样。为确保取土质量和督促取土进度，区农业局分别与小组组长签订了责任状，同时成立了 2 人的取土技术监督组，每天巡回检查、督促指导，第二天根据上一天交回的采样档案，随机抽查，实地查看验收，发现问题及时纠正解决。每隔一天，召开小组组长召开碰头会，分析存在的问题，提高取土质量、加快进度的方法和措施。通过全体工作人员的努力，共完成样品采集 7 062 个、其中，2006 年 2 022个、2007 年 2 022个、2008 年 3 022个。

在土样采集过程中，填写"测土配方施肥采样地块基本情况调查表"和"农户施肥情况调查表"2 张表格，表格涉及采样地块基本条件、农户施肥管理、产量水平等众多的内容，是指导配方施肥的基础资料，许多因素是配方施肥的依据和耕地地力评价指标，因此，调查表格要认真填写。在调查前组织野外调查人员集中培训，野外调查人员认真阅读填表说明，将填表说明分发每个采样小组，模拟填写，达到理解正确、掌握标准一致时方可进行野外调查工作。为了使布点图上的点位编号与调查表对应，在调查表格中增加"布点图编号"一栏，填写好的调查表格必须经技术组技术人员审核。

为了获得准确可靠的调查信息，户主必须到场，对因按布点图确实找不到户主的，经监督组同意后，进行合理的变动，同时将新确定的取样点，及时标注在布点图上。在调查过程中，有些农户确实忘记了其施用肥料的品种和含量，由农户回家取出原化肥包装袋，再由调查人员进行核实、确认，然后如实填写。由监督小组审核无误后，方可入档保存。

三、点位筛选

耕地地力评价是测土配方施肥的一项重要内容，用于耕地地力评价的调查点并非越多越好，依据《测土配方施肥技术规范》要求，根据牡丹区农业生产情况、耕地状况、土壤类型、作物布局及产量水平，选择 2 000 个调查点用于耕地地力评价。

第二节 土壤样品的制备

一、样品制备的目的

从野外取回的土样，经登记编号后，经过一个制备过程：风干、磨细、过筛、混匀、装瓶，以备各项测定之用。

样品制备的目的：

第一，剔除土壤以外的侵入体（如植物残茬、昆虫、石块等）和新生体（铁锰结核和石灰结核等），以除去非土壤的组成部分。

第二，适当磨细，充分混匀，使分析时所称取的少量样品具有较高的代表性，以减少称样误差。

第三，根据不同检测项目，分别过筛。全量分析项目，样品需要磨细，以使分解样品的反应能够完全和彻底。

第四，使样品可以长期保存，不致因微生物活动而霉坏。

二、新鲜样品的制备

某些土壤的成分如二价铁、硝态氮、铵态氮等在风干过程中会发生显著变化，必须用新鲜样品进行分析。为了能真实地反映土壤在田间自然状态下的某些理化性状，新鲜样品及时送回室内进行处理分析，用粗玻璃棒或塑料棒将样品混匀后迅速称样测定。

新鲜样品一般不宜贮存，如需要暂时贮存时，将新鲜样品装入塑料袋，扎紧袋口，放在冰箱冷藏室或进行速冻保存。

三、风干土样样品的制备

从野外采回的土壤样品及时放在样品盘上，摊成薄薄的一层，置于干净整洁的室内通风处自然风干，严禁暴晒，并注意防止酸、碱等气体及灰尘的污染。风干过程中经常翻动土样并将大土块捏碎以加速干燥，同时剔除土壤以外的侵入体。

风干后的土样按照不同的分析要求研磨过筛，充分混匀后，装入样品瓶中备用。瓶内外各放标签一张，写明编号、采样地点、土壤名称、采样深度、样品粒径、采样日期、采样人及制样时间、制样人等项目。制备好的样品妥善贮存，避免日晒、高温、潮湿和酸碱等气体的污染。全部分析工作结束，分析数据核实无误后，试样一般还要保存3个月至1年，以备查询。少数有价值需要长期保存的样品，保存于广口瓶中，用蜡封好瓶口。

四、用于一般化学分析的土样样品制备

将风干后的样品平铺在制样板上，并将植物残体、石块等侵入体和新生体剔除干

净，细小已断的植物须根，采用静电吸附的方法清除。采用土壤样品粉碎机粉碎。压碎的土样全部通过 2mm 孔径筛。未过筛的土粒重新碾压过筛，直至全部样品通过 2mm 孔径筛为止。过 2mm 孔径筛的土样可供 pH 值、盐分、交换性能及有效养分项目的测定。

将通过 2mm 孔径筛的土样用四分法取出一部分继续碾磨，使之全部通过 0.25mm 孔径筛，供有机质、全氮、碳酸钙等项目的测定。

五、用于微量元素分析的土样样品制备

用于微量元素分析的土样，其处理方法同一般化学分析样品，但在采样、风干、研磨、过筛、运输、贮存等诸环节都不接触金属器具，以防污染，如果采样制样使用木、竹或塑料工具，过筛使用尼龙网筛等。通过 2mm 孔径尼龙筛的样品用于测定土壤有效态微量元素。

六、用于颗粒分析的土壤试样

将风干土样反复碾，使之全部通过 2mm 孔径筛。留在筛上的碎石称量后保存，同时将过筛的土壤称量，以计算石砾质量百分数，然后将土样混匀后盛于广口瓶内，用于颗粒分析及其他物理性质测定。若在土壤中有铁锰结核、石灰结核、铁子或半风化体，不能用木棍碾碎，细心拣出称量保存。

第三节　植株样品的采集与制备

一、植株样品的采集

（一）采集要求

植物样品分析的可靠性受样品数量、采集方法及分析部位影响，因此，采样应具有以下特性。

一是代表性：采集样品能符合群体情况，采样量一般为 1kg。

二是典型性：采样的部位能反映所要了解的情况。

三是适时性：根据研究目的，在不同生长发育阶段，定期采集。粮食作物一般在成熟后收获前采集籽实部分及秸秆；发生偶然污染事故时，在田间完整地采集整株植株样品；水果及其他植株样品根据研究的确定采样要求。

（二）采集准备

选择具有采样经验，明确采样方法和要领，对采样区域农业环境情况熟悉的技术人员负责采样；同时备有采样区域的地形图、土壤分布图、污染源分布图、粮食作物分布图、交通行政图等，准备采样工具、采样袋（布袋、纸袋或塑料袋）、采样记录等。

进行野外实地考察，调查各种环境因素，核实合理布点。发现问题立即纠正并绘

制样点分布图，制订采样计划。

（三）粮食作物样品采集

由于粮食作物生长的不均一性，一般采用多点取样，避开田边 2m，按梅花形（适用于采样单元面积小的情况）或"S"形采样法采样。在采样区内采取 10 个样点的样品组成一个混合样。采样量根据检测项目而定，籽实样品一般 1kg 左右，装入纸袋或布袋；采集完整的植株样品稍多采些，约 2kg，用塑料纸包扎好。

（四）棉花样品

棉花样品包括茎秆、空桃壳、叶片、籽棉等部分。样株选择和采样方法参照粮食作物。按样区采集籽棉，第一次采摘后将籽棉放在通透性好的网袋中晾干（或晒干），以后每次收获时均装入网袋中，各次采摘结束后，将同一取样袋中的籽棉作为该采样区籽棉混合样。

（五）水果样品的采集

在平坦果园中采样时，采用对角线法布点采样，由采样区的一角向另一角引一对角线，在此线上等距离布设采样点，采样点多少根据采样区域面积、地形及检测目的确定。对于树型较大的果树，采样时在果树的上、中、下、内、外部及果实着生方位（东南西北）均匀采摘果实 1kg 左右。将各点采摘的果品进行充分混合，按四分法缩分，根据检验项目要求，最后分取所需份数，每份 1kg 左右，分别装入袋内，黏贴标签，扎紧袋口。水果样品采摘时注意树龄、长势、载果数量等。

（六）蔬菜样品的采集

蔬菜品种繁多，按食用部位（器官）可大致分成叶菜、根菜、茎菜、花菜和果菜 5 类，按需要确定采样对象。

在菜地采样可按对角线或"S"形法布点，采样点不应少于 10 个，采样量根据样本个体大小确定，一般每个点的采样量不少于 1kg。从多个点采集的蔬菜样，按四分法进行缩分，其中，个体大的样本，如大白菜纵向对称切成 4 份或 8 份，取其 2 份的方法进行缩分，最后分取 3 份，每份约 1kg，分别装入塑料袋，黏贴标签，扎紧袋口。

如需用鲜样进行测定，在采样时，连根带土一起挖出，用湿布或塑料袋装，防止萎蔫。采集根部样品时，在抖落泥土时或洗净泥土过程中尽量保持根系的完整。

（七）标签与调查内容

标签包括采样序号、采样地点、样品名称、采样人、采集时间和样品处理号等。

调查内容包括作物品种、土壤名称（或当地俗称）、成土母质、地形地势、耕作制度、前茬作物产量、化肥农药施用情况、灌溉水源、采样点地理位置简图。果树要记载树龄、长势、载数量等。

二、植株样品的处理与保存

粮食籽实样品及时晒干脱粒，充分混匀后用四分法缩分致所需量。当需要洗涤时，注意时间不宜过长并及时风干。为了防止样品变质、虫咬，定期进行风干处理。使用不污染样品的工具和筛将稻谷去壳制成糙米，把糙米、麦粒、玉米粒等籽实粉碎，过

0.5mm 筛，制成待测样品。测定重金属元素含量时，不使用金属器械或如钢制粉碎机、金属筛等，使用竹、木和石质、瓷质、塑料制品。

完整的植株样品先洗干净，根据不同污染物和粮食作物生物学特性差异，采用能反映特征的植株部位，用不污染物和粮食作物生物学特性差异，采用能反映特征的植株部位，用不污染待测元素的工具剪碎样品，充分混匀，用四分法缩分至所需的量，制成鲜样或于 60℃烘箱中烘干后粉碎备用。

在田间（或市场）所采集的新鲜水果、蔬菜、烟叶和茶叶样品若不能马上进行分析测定，暂时放入冰箱保存。

第四节 样品分析与质量控制

一、样品分析

有机质、有效磷、速效钾为必测项目，所有样品必须测试；缓效钾、碱解氮、全氮、pH 值为减量分析项目，分析样品量的 30％；有效硼、锌、铁、锰、铜、钼，中量元素，为少量分析项目，分析土样量的 15％。适当增加土壤容重等土壤物理性状测试内容。用于耕地地力评价的全测。各项目测试方法如表 3-1 所示。

表 3-1 测试方法

测试项目	测试方法
容重	环刀法
自然含水量	烘干法
田间持水量	环刀法
pH 值	电位法
有机质	油浴加热重铬酸钾氧化容量法
全氮	凯式蒸馏法
水解氮	碱解扩散法
全磷	氢氧化钠熔融-钼锑抗比色法
有效磷	碳酸氢钠提取-钼锑抗比色法
全钾	氢氧化钠熔、钠熔融-火焰光度计法
缓效钾	硝酸提取-火焰光度计法
速效钾	乙酸铵浸提火焰光度计法
交换性钙	乙酸铵交换-原子吸收分光光度法
交换性镁	乙酸铵交换-原子吸收分光光度法
有效硼	沸水浸提-甲亚胺-H 比色法
有效硅	柠檬酸浸提-硅钼蓝比色法
有效钼	草酸-草酸铵浸提-极谱法
有效硫	磷酸盐-乙醇浸提-硫酸铵化浊法
有效铜、锌、铁、锰	DTPA 浸提-原子吸收分光光度法

植株测试：每种作物按高、中、低肥力水平各取 1 组 "3414" 试验所有处理的样品用于分析化验。

样品采集：粮食作物采集完整植株约 2kg，小麦全部粉碎，玉米籽粒、秸秆分别粉碎。

化验项目：全氮、全磷、全钾全部分析，其他选测。

平行控制：每批样品做 20％平行。

参比样控制：每批样品插参比样。每批或每 50 个样品测一个。参比样测定值应在相应测试项目所规定的置信区间，否则，同批样品该项目检测结果判定为不合格，该项目重新检测。

为加快化验速度，充分发挥参战人员的主观能动性，将人员分为样品处理，分析化验两个组，依据分析项目又将化验组分为 5 个化验小组，实行分工负责，协调作战，使每天化验土样 500 项次以上，完成了项目规定的全部土样化验任务。2006—2008 年累计化验土样 7 065 个、63 313 项次，其中，有机质 7 065 项次，全氮 4 588 项次，碱解氮 7 065 项次，有效磷 7 065 项次，缓效钾 1 183 项次，速效钾 7065 项次，pH 值 7 065 项次，中微量元素 18 119 项次，土壤容重 2 098 项次，水分 2 000 项次。

二、化验室建设与质量控制

化验分析与质量控制，严格按照农业部《测土配方施肥技术规范》的有关规定执行。

牡丹区农业局现有 14 间、206m² 的化验室。依据工作性质和化验要求，设置了办公室、档案室、样品处理室、样品风干室、样品室、天平室、综合化验室、原子吸收室、有机质室、药品室、测磷室、测钾室、蒸馏室、贮藏室等多个科室，并分别按要求进行了装修。

保证检测工作不受外部环境影响，保证检测的废液废水等有害物质对周围环境不产生不利影响，保证检测人员的人体健康。为了在项目规定的时间内完成土壤样品的测定分析，根据项目使用的仪器和设备，重新审验了各种化验仪器，淘汰了部分陈旧仪器、设备，配备购置了原子吸收分光光度计、半自动定氮仪、火焰光度计、紫外分光光度计、电阻炉、酸度计、电子天平、烘箱等仪器设备 80 多台套，具备了项目规定的有机质、全氮、碱解氮、有效磷、速效钾、缓效钾、pH 值、中微量元素的批量化、规范化分析化验能力，现每天化验土样 500 项次以上。牡丹区土肥站原有化验人员 7 人，项目启动后农业局又从其他站室抽出专业技术骨干 4 人充实到化验室，使化验人数达到 11 人。其中，有土化专业的 2 人，农学专业的 9 人，为提高化验人员的化验技能和整体素质，我们多次技术培训，积极与兄弟区市交流学习，不断提高化验人员的化验能力。

化验室质量控制主要包括实验室内的质量控制和实验室间的质量控制。

(一) 实验室内的质量控制

1. 标准溶液的校准

标准溶液分为元素标准溶液和标准滴定溶液两类。严格按照国家有关标准配制、使用和保存。

2. 空白试验

空白值的大小和分散程度，影响着方法的检测限和结果的精密度。空白试验一般平行测定的相对差值不应大于50%，每个测试批次及重新配置药剂都要增加空白。

3. 精密度控制

精密度一般采用平行测定的允许差来控制。通常情况下，土壤样品作10%～30%的平行。5个样品以下的，增加为100%的平行。

平行测试结果符合规定的允许差，最终结果以其平均值报出，如果平行测试结果超过规定的允许差，需再加测一次，取符合规定允许差的测定值报出。如果多组平行测试结果超过规定的允许差，考虑整批重作。

4. 准确度控制

准确度一般采用标准样品作为控制手段。通常情况下，每批样品或每50个样品加测标准样品一个，其测试结果与标准样品标准值的差值，控制在标准偏差（S）范围内。

5. 干扰的消除或减弱

干扰对检测质量影响极大，注意干扰的存在并设法排除。主要方法有：采用物理或化学方法分离被测物质或除去干扰物质；利用氧化还原反应，使试液中的干扰物转化为不干扰的形态；加入络合剂掩蔽干扰离子；采用有机溶剂的萃取及反萃取消除干扰；采用标准加入法消除干扰；采用其他分析方法避开干扰。

6. 其他措施

（二）实验室内的质量控制

实验室内的质量控制除上述日常工作外，还由质量管理人员对检测结果的准确度、重复性和复现性进行控制，对检测结果的合理性进行判断。

实验室间的质量控制是一种外部质量控制，可以发现系统误差和实验室间数据的可比性，可以评价实验室间的测试系统和分析能力，是一种有效的质量控制方法。

实验室间质量控制的主要方法为能力验证，即由主管单位统一发放质控样品，统一编号，确定分析项目、分析方法及注意事项等，各实验室按要求时间完成并报出结果，主管单位根据考核结果给出优秀、合格、不合格等能力验证结论。

第四章　土壤理化性状及评价

作物生长发育需要光热、温度、空气、水分和养分，土壤养分是作物生长的物质基础。其含量的多少，是土壤肥力因素中最重要。土壤肥力就是作物在生长发育过程中，土壤不断调节和供应水分、养分、空气和热量的能力。土壤养分丰缺程度是影响作物产量和品质的重要因子，是指导科学施肥的依据。

本次耕地地力评价共化验分析耕层土样 2 000 个，获取了大量调查数据。

第一节　土壤 pH 值和有机质

一、土壤 pH 值

土壤酸碱性反映土壤物质组成的基本状况，反映土壤物质转化的动向，且土壤酸碱性有易变特点，并受人为活动的影响。全区地处黄泛平原，成土母质为黄河冲积物，母质来源系黄河从上游黄土高原携带大量泥沙沉积而成，黄土富含钙质，土壤石灰反应强烈，土壤呈微碱性至碱性。

（一）耕层土壤 pH 值分级及面积

全区耕地土壤 pH 值众数为 8.14，变幅为 7.5～8.5，分级及面积如表 4-1 所示。

表 4-1　耕层土壤 pH 值分级及面积

级别	1	2
范围	＞8.5	7.5～8.5
耕地面积（hm²）	0	95 433.4
占耕地比例%	0	100

样本数：2 167 个

从表 4-1 可以看出，牡丹区耕地土壤 pH 值均在 2 级范围内，在偏碱性的土壤中，施用铵态氮肥和酰胺态氮肥，NH_4^+ 在土壤中易转变成氨气挥发损失，磷肥也易被固定为作物难以吸收利用的难溶性磷酸盐，从而降低肥效。在农业生产中要注意增施有机肥，施用生理酸性肥料，不宜施用碱性肥料。

（二）不同利用类型土壤 pH 值状况

牡丹区典型的种植制度是小麦—玉米，其次是小麦—棉花和蔬菜等，其不同利用类型土壤 pH 值如表 4-2 所示。

表 4-2　不同利用类型土壤 pH 值状况

利用类型	平均值	最大值	最小值	标准差	变异系数
小麦—玉米	8.12	8.41	7.64	0.20	2.53
小麦—棉花	8.13	8.44	7.52	0.19	2.32
蔬菜	8.18	8.45	7.74	0.16	2.01

注：蔬菜着重指设施蔬菜　　　　　　　　　　　　样本数：2 167 个

从表 4-2 可以看出，小麦—玉米、小麦—棉花轮作土壤 pH 相差不大，这两种轮作模式下的 pH 值略低于蔬菜种植地的 pH 值，因为土壤 pH 值除受成土母质影响外，不合理的施肥、灌溉对土壤 pH 值也有很大影响。据调查，种植蔬菜的耕地与比小麦—玉米、小麦—棉花相比，施肥量和灌溉次数都多。施肥量和灌溉次数的增加，特别是大量不合理施肥和大水漫灌，易造成表层土壤板结和盐分聚集，土壤微生物活动减弱，极易引起土壤次生盐渍化，造成土壤 pH 值升高，降低土壤酸性。

（三）不同土壤质地 pH 值状况

牡丹区土壤耕层质地主要分为沙壤、轻壤、中壤、重壤 4 种类型，不同土壤类型 pH 值如表 4-3 所示。

表 4-3　不同土壤类型土壤 pH 值状况

土壤类型	平均值	最大值	最小值	标准差	变异系数
沙壤	8.16	8.45	7.16	0.19	2.30
轻壤	8.14	8.44	7.12	0.19	2.34
中壤	8.14	8.43	7.14	0.19	2.32
重壤	8.13	8.39	7.0	0.20	2.50

样本数：2 167 个

从表 4-3 可以看出，不同土壤质地 pH 值差异不大，从沙壤、轻壤、中壤、重壤 pH 值逐渐有所降低，表明随着土壤成土母质颗粒组成的逐渐变小，土壤有机质和物理性黏粒成分的增加，土壤胶体和离子的交换吸附作用增强，土壤溶液的缓冲性能不断提高，碱性有所降低。在农业生产实践中，可通过沙土掺淤、增施有机肥料和种植绿肥，提高土壤有机质和黏粒含量，增强土壤的缓冲性能，降低土壤 pH 值，减少养分固定，以利发挥土壤中磷和微量元素养分的有效性，促进作物生长发育。

二、土壤有机质状况

土壤有机质是土壤养分的重要来源。有机质不仅为植物提供养分，而且能较好改善土壤的物理性质，还可以为微生物的活动提供能量和营养。土壤有机质含量的丰缺是评价土壤肥力高低的重要指标之一。

（一）耕层土壤有机质含量及分级

全区耕地土壤有机质平均为 13.8g/kg，变幅 3.2～33.3g/kg，牡丹区有机质含量及分级如表 4-4 所示。

表 4-4　耕层土壤有机质分级及面积

级别	1	2	3	4	5	6	7
范围（g/kg）	＞20	15～20	12～15	10～12	8～10	6～8	＜6
耕地面积（hm²）	581.08	30 970.54	39 229.34	18 326.41	4 690.37	1 545.42	88.28
占耕地比例％	0.62	32.45	41.11	19.20	4.91	1.62	0.09

样本数：2 167 个

从表 4-4 可以看出，一级土壤有机质含量大于 20g/kg，面积较小，仅占 0.62％，主要分布在高庄镇田桥西南、吕集、朱庄、周集中间，牡丹办事处朱官庄南部、周楼、大高桥中间。二级土壤含量在 15～20g/kg 之间，面积仅次于三级土壤面积，占总面积的 32.45％，是牡丹区粮食高产地块。主要多分布在高庄镇、吴店镇、马岭岗镇和牡丹办事处的庞王一带，是牡丹区的粮仓，产量较高。三级土壤有机质含量在 12～15g/kg 的面积最大，占总面积的 41.11％，分布在除胡集外的全区各个乡镇，但沙土、小留、皇镇分布较少。多分布在缓平坡地的两合土、莲花土及洼地中心的黏、淤土上，属于一般水平。四级土壤有机质含量在 10～12g/kg，面积居三，占总面积的 19.02％，大部分是在缓平坡地的两合土、莲花土及高坡地的沙壤土，属较低水平。含量小于 10g/kg 的五级、六级、七级土壤，占总面积的 6.62％，多分布在我区一些高坡地和沙丘沙地，属低水平。主要集中在胡集、沙土、皇镇一带的高坡地和沙丘沙地的青沙土上。从区域分布来看，东部乡镇如沙土、皇镇、胡集及小留等土壤有机质含量较低，其他乡镇相对较高。总之，牡丹区土壤有机质含量属中等偏低水平。增加有机物质施入量是人为增加土壤有机质含量的主要途径，其方法主要有秸秆还田、增施有机肥、施用有机无机复混肥 3 种。

（二）不同利用类型土壤有机质含量状况

表 4-5　不同利用类型土壤有机质含量状况

利用类型	平均值	最大值	最小值	标准差	变异系数
小麦—玉米	12.4	17.3	3.2	2.28	18.35
小麦—棉花	12.5	19.9	4.1	1.94	15.54
蔬菜	14.9	33.3.	7.4	4.13	27.83

样本数：2 167 个

从表 4-5 可以看出，小麦—玉米田和小麦、棉花田有机质含量相差不大，但比蔬菜田低 2.4g/kg 左右，表明土壤有机质含量受施肥耕作等人为因素的影响很大。由于蔬菜产量和经济效益相对较高，农户投入有机肥量每年每 667m² 平均都在 1 500kg 左右，而小麦、玉米、棉花田除部分地块秸秆还田外，有机肥投入量很少，甚至不施，土壤中原有的有机质矿化后又被当季作物吸收利用，积累量逐年变少，势必造成土壤有机质含量降低。在农业生产实践中，要注重土壤有机质的调节。一是增施有机肥，提高土壤有机质含量，只有投入土壤中的有机肥量大于消耗的量，土壤中的有机质才能不断积累。二是配方施肥，要合理增加化肥用量，协调氮、磷比例，通过提高生物产量，增加土壤生物残留量，从而增加土壤有机质，提高土壤肥力。三是扩种绿肥，种草养畜，以扩大肥源，增加土壤有机质。粮、草、牧相结合，实行草、粮间作，以粮促草、以草促牧、以牧促农，达到种草养畜肥田目的。四是提高剩余秸秆的再利用率，除因地制宜提倡作物秸秆高留茬还田和直接还田外，每年全区还有大量秸秆剩余，应大力发展氨化饲料，发展畜牧业，增加牲畜粪便使用量，提高秸秆的利用率，加速土壤培肥，提高土壤有机质含量。

（三）不同土壤质地有机质含量状况

土壤有机质含量与质地关系明显，沙壤、轻壤、中壤、重壤有机质含量依次增加，不同土壤类型有机质含量状况如表4-6所示。

表4-6　不同土壤类型土壤有机质含量状况

土壤类型	平均值	最大值	最小值	标准差	变异系数
沙壤	11.8	21.5	3.2	1.98	16.76
轻壤	12.6	24.2	4.5	2.06	16.35
中壤	13.2	22.0	6.8	2.00	15.20
重壤	13.2	33.3	8.1	2.46	18.67

样本数：2 167个

从表4-6可以看出，土壤有机质含量最初决定于成土母质，牡丹区成土母质为黄土母质，总体上看有机质含量偏低，在其形成过程中遵循"紧沙、慢淤，不紧不慢出两合"的沉积规律。使淤土的有机质含量明显高于两合土和沙土，从不同土壤类型有机质含量状况看，重壤有机质高于中壤、轻壤、沙壤，虽然经过人类的长期耕作和其他自然条件及人为措施的干预，但牡丹区耕层质地土壤有机质含量没有发生根本变化。

土壤有机质含量还取决于年生成量和年矿化量的相对大小，当生成量大于矿化量时，有机质含量会逐步增加，反之，将会逐步降低。土壤有机质矿化量主要受土壤温度、湿度、通气状况、有机质含量等因素影响。一般说来，土壤温度低、通气性差、湿度大时，土壤有机质矿化量较低；相反，土壤温度高、通气性好、湿度适中时则有利于土壤有机质的矿化。农业生产中应注意创造条件，减少土壤有机质矿化量。保护地栽培条件下，土壤长期处于高温多湿条件，有机质易矿化，含量提高缓慢，但每年通过不断增施大量有机肥料，使土壤中有机质逐年有所积累，这是蔬菜田有机质含量偏高的一个主要原因。在农业生产上要注意适时通风降温，减少盖膜时间，以有利于土壤有机质的积累。

第二节　土壤大量营养元素状况

一、土壤全氮

（一）耕地土壤全氮含量及分级

全区土壤全氮平均含量为 0.95g/kg，变幅为 0.19～3.00g/kg，含量 0.75～1.2g/kg 的占 88.61%，土壤全氮含量及分级如表 4-7 所示。

表 4-7　耕层土壤全氮分级及面积

级别	1	2	3	4	5
范围（g/kg）	>1.50	1.20～1.50	1.00～1.20	0.75～1.00	0.50～0.75
耕地面积（hm²）	164.76	1 787.23	19 055.23	56 024.23	8 920.86
占耕地比例%	0.17	1.87	29.90	58.71	9.35

样本数：2 167 个

从表 4-7 可以看出，全区土壤全氮共分出 1～5 级 5 个等级，1 级土壤全氮含量大于 1.5%，面积较小，仅占 0.17%，只在高庄镇压黄营和沙土镇北宋庄有少量分布。2级土壤全氮含量在 1.2～1.5，属高水平，面积较小，占土壤面积的 1.87%，只在高庄镇东部的耿庄、贾楼、朱庄、周集一带、沙土镇康集、北宋庄、张吴庄一带和王浩屯的龙王冯、西郭、武成集、万家一带有分布，其他地方无分布。3 级土壤全氮含量在1.0～1.2g/kg，占土壤总面积的 29.90%，属较高水平，面积较大，仅将于 4 级土壤面积，分布较集中，主要分布在高庄、吴店、吕陵、大黄集的东部及东南部、马岭岗的北部、黄岗、都司、何楼的北部，其他乡镇只有少量分布。4 级土壤全氮含量在0.75～1.0g/kg，占土壤总面积的 58.71%，属一般水平，主要分布在李村、小留、胡集、沙土、皇镇北部、何楼、王浩屯。5 级土壤全氮含量在 0.50～0.75g/kg，占土壤总面积的 9.35%，属较低水平，分布在 4 级耕地中的缓平坡地。总之，牡丹区土壤全氮含量属中等水平。在农业生产实践中，要注重增施氮肥。对 4 级以下土壤增施氮肥效果较好。

（二）不同利用类型土壤全氮含氮量状况

不同类型土壤全氮含量如表 4-8 所示。

表 4-8　不同利用类型土壤全氮含量状况

利用类型	平均值	最大值	最小值	标准差	变异系数
小麦—玉米	0.73	1.16	0.19	0.14	19.71
小麦—棉花	0.74	1.20	0.27	0.12	16.04
蔬菜	0.84	3.0	0.44	0.20	23.39

样本数：2 167 个

从表4-8可以看出，小麦—玉米和小麦—棉花两种利用类型土壤全氮含量相差不大，但与蔬菜田相比，低0.10g/kg，这与农户根据种植作物的产投比不同，相应增大施肥量有很大关系。牡丹区农户对于种植蔬菜，习惯于多施肥料，特别是氮肥。据调查，种植蔬菜所施肥料量一般是种植小麦、玉米等农作物的3～5倍。故在农业生产实践中，要针对土壤全氮含量实际状况和所种作物需肥规律，大力开展平衡施肥，达到节本增效目的。

（三）不同土壤质地全氮含量状况

表4-9　不同土壤类型土壤全氮含量状况

土壤类型	平均值	最大值	最小值	标准差	变异系数
沙壤	0.70	1.12	0.19	0.12	16.68
轻壤	0.74	1.17	0.31	0.12	16.47
中壤	0.78	1.20	0.38	0.12	15.59
重壤	0.77	3.00	0.47	0.12	15.94

样本数：2 167个

从表4-9可以看出，不同质地耕层土壤全氮含量，从重壤、中壤、轻壤、沙壤土壤全氮含量逐步减少，表明土壤全氮含量与土壤有机质水平的高低有密切关系，有机质含量水平越高，土壤中的全氮含量也就越高。重壤经过多年掺沙改淤等人为活动，土壤质地较以前有所变化，土壤有机质含量与中壤相差不大，土壤全氮水平基本上持平。

二、土壤碱解氮

（一）耕层土壤碱解氮含量及分级

全区土壤碱解氮平均含量为86mg/kg，总体为中等水平，变幅为46～261mg/kg，含量及分级面积如表4-10所示。

表4-10　耕层土壤碱解氮分级及面积

级别	1	2	3	4	5	6	7	8
范围（mg/kg）	＞150	120～150	90～120	75～90	60～75	45～60	30～45	＜30
耕地面积（hm²）	1 398.31	4 262.37	24 790.53	31 353.06	24 476.36	6 450.55	2 618.33	81.91
占耕地比例（%）	1.46	4.47	25.98	32.85	25.65	6.76	2.74	0.09

样本数：2 167个

从表4-10可以看出，全区土壤碱解氮共分1～8级8个级别，其中，1级土壤碱解氮含量为最高水平，大于150mg/kg，占耕地面积的1.46%。主要分布在高庄贺庄的西北部；吕陵西南至乔堂一带；王浩屯的荆集、油坊朱至桑李至邢庄一带和西前刘村；大黄集的李八老、毕寨和寇家村；黄岗的刘显扬、邓庄，前高庄东南；安兴洪庄。2级土壤碱解氮含量120～150mg/kg，占土壤总面积的4.47%，属高水平，主要分布李村的大屯；高庄的贺庄、田桥和高庄东部的王庄、朱庄、周集、贾楼一带及东头至南头一带；吕陵的西任寨，吕陵东部的朱海、高庄；马岭岗的穆李；王浩屯的西前刘及荆集至油坊朱至桑李至邢庄一带；大黄集的李八老至水窝李至李七寨至堤口至水牛李一带，毕寨至于寨至田海一带及寇家村；万福的耿海及何楼的枣陈庄；黄岗的邵庄、连庄之间；都司的周庄朱屯一带；都司尹楼至安兴船郭庄一带；安兴的任庄及张楼、姜庄、任楼、张庄之间有分布。3级土壤碱解氮含量在90～120mg/kg，占土壤总面积的25.98%，属较高水平，主要分布在1、2级耕地周边的区域。以李村、高庄、黄岗、万福、吕陵、马岭岗、王浩屯、大黄集、安兴分布较多。4级土壤碱解氮含量在75～90mg/kg，占土壤总面积的32.85%，属一般水平，全区各乡镇均为分布，主要集中在小留、都司、安兴东北部、沙土、皇镇、何楼。5级土壤碱解氮含量在60～75mg/kg，占土壤总面积的25.65%，属较低水平，主要分布全区各个乡镇的缓平坡地的两合土和莲花土上。以胡集、小留的北部，沙土至皇镇一带，何楼办事处及吴店的刘寨至牡丹办事处的李和阳一带分布较集中。6级及以下土壤碱解氮含量在60mg/kg以下，属低水平，主要分布在5级地中间，呈零星分布。总体来看，牡丹区土壤碱解氮水平处于中等水平，基本上是1/3是高水平，1/3基本适中，1/3较低。从区域上看，西部高于中东部。在农业生产实践中，要注重增施氮肥。对4级以下土壤增施氮肥效果较好。

（二）不同利用类型土壤碱解氮含量状况

表4-11 不同利用类型土壤碱解氮含量 （单位：mg/kg）

利用类型	平均值	最大值	最小值	标准差	变异系数
小麦—玉米	80	107	54	10.37	13.82
小麦—棉花	82	100	46	9.64	13.03
蔬菜	93	261	59	25.56	27.35

样本数：2 167个

从表4-11可以看出，小麦—玉米轮作和小麦—棉花轮作土壤碱解氮含量相差不大，但都比蔬菜田低。原因是尽管小麦—玉米和小麦—棉花两种利用类型两季都施肥，但与蔬菜田相比，施肥量要少，加上近几年肥料经销商误导农户和错误宣传，不少农户为图省事省力，种植大田作物多采取撒施和丢施肥料，加上大水漫灌，地表冲施，易引起土壤中氮素挥发、流失严重，势必造成土壤中碱解氮含量降低；而蔬菜田施肥量比大田作物一般要多3～5倍，且土壤中碱解氮含量受施肥量的多少影响很大，施氮肥多时土壤中碱解氮含量就高，使得蔬菜田土壤碱解氮含量偏高。在农业生产实践中，施用氮肥一定要采取沟施、穴施，而且要深施，减少土壤中氮素挥发和流失，提高氮肥利用率。

（三）不同土壤质地类型碱解氮含量状况

表4-12 不同土壤质地土壤碱解氮含量 （单位：mg/kg）

土壤类型	平均值	最大值	最小值	标准差	变异系数
沙壤	84	100	50	9.79	13.14
轻壤	85	216	50	11.93	15.93
中壤	86	129	46	10.33	13.92
重壤	89	261	57	9.53	12.53

样本数：2 167个

从表 4-12 可以看出，全区主要 4 种土壤质地之间的碱解氮含量差异不大，这与农户多年来习惯施肥有很大关系。据调查，全区农民大多偏施氮肥，磷肥、钾肥施用量相对较少，这从农户施肥基本情况调查表中不难看出。在农业生产实践中，要根据土壤中碱解氮含量实际状况和作物需肥规律，合理施用氮肥。

三、土壤有效磷

（一）耕层土壤有效磷含量及分级

土壤有效磷含量高低是衡量土壤肥力水平的重要标志，全区平均含量为 22.6mg/kg，属中等水平，变幅为 5.5～84.5mg/kg，有效磷含量在 15～30mg/kg，占总面积的 65.72%，小于 15mg/kg 的占 19.78%，部分地块需要补充磷肥。

有效磷分级及面积如表 4-13 所示。

表 4-13　耕层土壤有效磷分级及面积

级别	1	2	3	4	5	6	7	8
范围（mg/kg）	>120	80～120	50～80	30～50	20～30	15～20	10～15	5～10
耕地面积（hm²）	0	0	454.05	13 379.42	33 342.63	29 369.36	16 852.75	2 033.22
占耕地比例（%）	0	0	0.48	14.02	34.94	30.78	17.66	2.12

样本数：2 167 个

样本数从表 4-13 可以看出，全区土壤有效磷含量共分 3～8 级 6 个级别，其中，3 级土壤面积极小，仅占土壤总面积的 0.48%，属高水平，仅在小留的部寺和沙土的北宋庄、王尹楼北部、前苑庄有分布。4 级土壤有效磷含量在 30～50mg/kg，占土壤总面积的 14.02%，属较高水平，主要分布在小留以西的高庄、李村以及吴店、万福的西部、吕陵、万福南部马岭岗西北和沙土镇。5 级土壤有效磷含量在 20～30mg/kg 之间，占土壤总面积的 34.94%，属一般水平，主要分布牡丹区西北部，王浩屯南部及北部以及都司西部、南部和安兴北部、西部、南部。6 级土壤有效磷含量在 15～20mg/kg，占土壤总面积的 30.78%，属中低水平，主要分布在牡丹区的西南、北部，西北部。小留、何楼、李村、吴店、都司、牡丹均有集中分布。7 级土壤有效磷含量在 10～15mg/kg，属较低水平，主要分布在黄岗、皇镇南部、何楼东部、牡丹办事处东北及胡集的南部。8 级土壤有效磷含量在 10mg/kg 以下，面积较小，占土壤总面积的 2.12%，属低水平，多在 7 级耕地地内呈分散分布，但胡集分布较集中。总起来看，牡丹区土壤有效磷含量大多在 15～30mg/kg，属中等水平。在农业生产实践中，要注重科学施用磷肥。对 6 级以下土壤增施磷肥效果较好。

（二）不同利用类型土壤有效磷含量状况

表 4-14　不同利用类型土壤有效磷含量　　　　　　　　（单位：mg/kg）

利用类型	平均值	最大值	最小值	标准差	变异系数
小麦—玉米	18.4	39.5	5.5	8.1	52.87

（续表）

利用类型	平均值	最大值	最小值	标准差	变异系数
小麦—棉花	19.1	49.9	5.5	7.7	45.24
蔬菜	59.5	84.5	11.7	24.9	35.76

样本数：2 167个

从表4-14可以看出，3种利用类型之间土壤有效磷含量依次增大，这是因为土壤中的有效磷含量在很大程度上取决于施肥量的种类和多少。从种玉米、棉花和蔬菜来看，据调查多数农户施用过磷酸钙和磷酸二铵呈逐渐增大趋势，特别是种植蔬菜，部分农户在同块地中存在过磷酸钙和磷酸二铵重复施用现象，造成土壤中有效磷含量增加，降低磷肥利用率。故在农业生产实践中，宜根据土壤中有效磷含量实际状况和所种作物需磷多少，合理施用磷肥。

（三）不同土壤质地有效磷含量状况

表4-15　不同土壤类型土壤有效磷含量　　（单位：mg/kg）

土壤类型	平均值	最大值	最小值	标准差	变异系数
沙壤	20.1	74.3	5.5	11.44	59.85
轻壤	20.9	83.2	5.5	13.61	72.04
中壤	21.9	84.1	5.7	12.67	70.72
重壤	23.5	84.5	6.9	11.24	68.31

样本数：2 167个

从表4-15可以看出，不同质地土壤有效磷含量差别不大，呈缓慢减少趋势，但同一质地之间土壤有效磷含量差异较大，变异系数都在50%以上。可能与成土母质和施肥量有关。牡丹区母质系黄河从上游黄土高原携带大量泥沙沉积而成，富含钙质，土壤石灰反应强，速效磷易被钙所固定，形成全区土壤速效磷含量较低。一般来说，从沙壤到重壤，随着土壤质地的改变，有机质含量增加，土壤有效磷含量也就越高，磷的利用率越大。但从上表看，土壤有效磷含量却呈下降趋势，表明土壤有效磷含量除受土壤质地影响外，在很大程度上取决于施肥量的多少。从沙壤、轻壤、中壤、重壤，随着土壤保水保肥性能的逐渐增强，农户施磷肥量潜意识地有所减少，造成土壤中有效磷含量呈减少趋势。这与多数农民长期重氮肥、轻磷肥的施肥习惯有很大关系。在农业生产实践中，要通过增施有机肥等途径，提高土壤有机质的含量，进而提高土壤有效磷的含量和磷的利用率。

四、土壤缓效钾

（一）耕层土壤缓效钾含量及分级

全区耕层土壤缓效钾平均含量为858mg/kg，变幅为505～2 312mg/kg，其含量及分级面积如表4-16所示。

表4-16 耕层土壤缓效钾含量及分级

级别	1	2	3	4
范围（mg/kg）	>1 200	900～1 200	750～900	500～750
耕地面积（hm²）	1 026.14	34 922.21	42 289.18	17 193.89
占耕地比例（%）	1.03	36.59	44.31	18.02

样本数：2 167个

从表4-16可以看出，全区土壤缓效钾含量共分1～4级4个级别，其中，1级土壤缓效钾含量大于1 200mg/kg，面积较小，只有1.03%。仅在高庄镇赵庄至朱庄至吕集一带；吴店镇的浆坊，许店至孟庄一带；都司镇西南部南刘庄至骆屯一带有少量分布。2级土壤缓效钾含量在900～1 200mg/kg，面积较大，仅次于3级土壤面积，占耕地总面积的36.59%，属较高水平，主要分布在牡丹区西北部、北部（小留除外），其他乡镇有零星分布。3级土壤缓效钾含量在750～900mg/kg，占土壤总面积的44.31%，属一般水平，分布在除都司、胡集外的其他乡镇。4级土壤有效磷含量在500～750mg/kg，占土壤总面积的18.02%，属低水平，主要分布在小留，李村北部，胡集，万福北部，何楼北部、西部及南部，王浩屯西部，大黄集西部、南部及东部，沙土东北部。总体来看，牡丹区土壤缓效钾含量大多在750～1 200mg/kg，属中等水平。这与土壤成土母质有密切关系。

（二）不同利用类型土壤缓效钾含量状况

不同利用类型土壤缓效钾含量状况如表4-17所示。

表4-17 不同利用类型土壤缓效钾含量　　　　　（单位：mg/kg）

利用类型	平均值	最大值	最小值	标准差	变异系数
小麦—玉米	847	2 079	538	84.40	10.72
小麦—棉花	851	2 312	505	96.09	12.45
蔬菜	859	1 310	698	59.47	7.34

样本数：2 167个

从表4-17可以看出，3种利用类型间土壤缓效钾含量差异不大，表明土壤缓效钾含量与种植作物种类关系不明显。由于种植种类不同，施钾肥量明显有别。对需钾量多的作物增施钾肥，可满足作物生长发育需要，又能抑制土壤中缓效钾向速效钾转化，使土壤中缓效钾含量保持相对稳定。对于高产地块和蔬菜田来说，增施钾肥可确保土壤肥力持久。

（三）不同土壤质地土壤缓效钾含量状况

沙壤、轻壤、中壤、重壤4种质地缓效钾含量如表4-18所示。

表 4-18　不同土壤类型土壤缓效钾含量　　　　　（单位：mg/kg）

土壤类型	平均值	最大值	最小值	标准差	变异系数
沙壤	752	1 962	505	93.04	12.37
轻壤	773	1 987	565	88.13	11.40
中壤	795	2 310	595	97.82	12.31
重壤	812	2 312	619	102.40	12.61

样本数：2 167 个

从表 4-18 可以看出，沙壤、轻壤、中壤、重壤 4 种质地间的土壤缓效钾含量逐渐增大，表明土壤缓效钾含量与土壤质地有很大关系。土壤中的缓效钾主要存在于黏土矿物的层状结构中和部分水云母、黑云母中，不能被作物当季吸收利用。一般土壤质地越黏重，含钾黏土矿物就越多，相应土壤中缓效钾含量就高。并能在土壤速效钾含量低时，可缓慢释放出来，是土壤速效钾的直接后备。同一质地土壤中缓效钾含量差异不大。

五、土壤速效钾

（一）耕层土壤速效钾含量及分级

全区耕层土壤速效钾含量为 122mg/kg，变幅为 40～553mg/kg，其含量分级及面积如表 4-19 所示。

表 4-19　耕层土壤速效钾分级及面积

级别	1	2	3	4	5	6	7	8
范围（mg/kg）	>300	200～300	150～200	120～150	100～120	75～100	50～75	<50
耕地面积（hm²）	75.40	5 067.25	12 768.70	22 605.70	20 925.40	22 121.90	1 093.02	936.69
占耕地比例（%）	0.08	5.31	13.38	23.69	21.93	23.18	11.45	0.98

样本数：2 167 个

从表 4-19 可以看出，全区土壤速效钾含量共分 1～8 级 8 个级别，其中，1 级土壤速效钾最高，但面积极小，仅占土壤总面积的 0.08%，仅在高庄镇贾楼至朱庄一带有分布。2 级土壤速效钾含量在 200～300mg/kg，占土壤总面积的 5.31%，属高水平，在李村、高庄、吴店、小留、黄岗、都司有少量分布，其他乡镇没有分布。3 级土壤速效钾含量在 150～200mg/kg，占土壤总面积的 13.38%，属较高水平，主要分布在除胡集、皇镇、王浩屯之外的其他乡镇均，但万福、马岭岗、何楼、牡丹、安兴只有零星分布。4 级土壤速效钾含量在 120～150mg/kg，占土壤总面积的 23.69%，属一般水平，主要分布在除胡集外的其他各乡镇均有，主要与 3 级呈复区分布。在李村、高庄、吴店、黄岗、都司、安兴西部及马岭岗北部分布较多。土壤以缓平坡地的两合土和莲花土居多，在这类土壤上施用钾肥对种植喜钾作物略有增产效果。5 级土壤速效钾含量在 100～120mg/kg，占土壤总面积的 21.93%，属中低水平，在全区各乡镇均有分布，以沙土、小留、李村西北、万福分布较多。多与 5 级呈复区分布。6 级土壤速效钾含量在 75～100mg/kg，占土壤总面积的 23.18％，属较低水平，一般作物增施钾肥增产效果较好，主要分布全区的沙质壤土区，主要分布在吕陵、马岭岗、大黄集、王浩屯、小留的北边境、牡丹、胡集东南至安兴东北一带及沙土北部。7 级土壤速效钾含量在 50～75mg/kg，属低水平，施用钾肥增产效果显著，面积占土壤总面积的 11.75％，主要分布在王浩屯西部孙化屯周边，何楼办事处，胡集乡、牡丹办事处至皇镇一带也有分布。8 级土壤速效含量小于 50mg/kg，属极低水平，占 0.98％，只在王浩屯西部的大彭庄、何楼西部蔡庄社区至卜箕屯一带，胡集乡的刘庄一带。以飞沙地为主。总体来看，牡丹区土壤速效钾含量大多在 75～150mg/kg，占土壤总面积的 68.8％，属中等偏高水平。在农业生产实践中，要根据土壤速效钾的区域分布，合理补施钾肥。

（二）不同利用类型土壤速效钾含量状况（表 4－20）

表 4－20　不同利用类型土壤速效钾含量　（单位：mg/kg）

利用类型	平均值	最大值	最小值	标准差	变异系数
小麦—玉米	112	259	43	33.36	29.79
小麦—棉花	117	305	40	38.31	32.79
蔬菜	331	553	53	118.94	35.93

样本数：2 167 个

从表 4－20 可以看出，3 种利用类型土壤速效钾含量比较来看，同一利用类型之间差异都较大，土壤速效钾含量最大值比最小值高近 5～6 倍，蔬菜田则高达 10 倍。小麦—玉米和小麦—棉花两种利用类型土壤速效钾含量相差不大，比蔬菜田低 2 倍左右。这与农户施肥情况有很大关系，土壤中速效钾含量的高低受施钾肥量的影响很大。施用钾肥量多，土壤中速效钾含量相应就高。在农业生产实践中，应根据其区域分布和丰缺指标制订有针对性的补钾方案。

（三）不同土壤质地土壤速效钾含量状况（表 4－21）

表 4－21　不同土壤类型土壤速效钾含量　（单位：mg/kg）

土壤类型	平均值	最大值	最小值	标准差	变异系数
沙壤	108	450	40	45.88	42.13
轻壤	124	513	54	58.24	46.99
中壤	136	512	52	59.31	43.67
重壤	139	553	68	72.81	52.49

样本数：2 167 个

从表 4－21 可以看出，土壤速效钾含量与质地类型呈正相关，沙壤、轻壤、中壤、重壤 4 种质地速效钾含量依次增加，同一质地之间速效钾含量差异较大，变异系数都在 40 以上。表明土壤中速效钾含量与成土母质有很大关系，随着土壤质地的变化，含钾较多的次生黏土矿物比重逐渐加大，且水溶性钾随黄河流水不断冲积汇集，沉积时在急水、缓水、静水情况下而分别形成沙、壤、黏质土壤，即所谓"紧沙、慢淤、不紧不慢出两合土"的沉积规律。形成全区土壤速效钾含量比较丰富，且随质地变化而变化。

第三节 土壤中量营养元素状况

一、土壤交换性钙

（一）耕层交换性钙含量及分级

全区耕层土壤交换性钙含量平均为 2 600mg/kg，变幅为 1 300～3 800mg/kg。其含量分级如表 4-22 所示。

表 4-22　耕层土壤交换性钙分级及面积

级别	1	2	3	4	5	6
范围（mg/kg）	>6 000	4 000～6 000	3 000～4 000	2 500～3 000	2 000～2 500	1 500～2000
耕地面积（hm²）	0	0	12 631.28	48 142.21	29 423.11	5 234.82
占耕地比例（%）	0	0	13.24	50.45	30.82	5.49

样本数：706 个

从表 4-22 可以看出，全区土壤交换性钙含量共分 3～6 级 4 个级别，其中，3 级土壤交换性钙含量在 3 000～4 000mg/kg，占土壤总面积的 13.24%，分布在李村的杨镇集、吕陵东西任寨、杨庙、陈集、李庄、田寺，都司东南部（安兴国庄至牡丹乡苏道沟一线），胡集东南尹集至安兴东北许垓一线），何楼办事处南部吴楼至河南王一线。4 级土壤交换性钙含量在 2 500～3 000mg/kg，占土壤总面积的 50.45%，分布在李村东部、东北部、东南部，小留全境、吴店东部、万福西部、北部，牡丹办事处西部、北部、东部，都司西北部，胡集东北、东南部，皇镇全境，王浩屯全境及何楼北部。5 级土壤交换性钙含量在 2 000～2 500mg/kg，占土壤总面积的 30.82%，主要分布在李村东郝寨至白庙一线，高庄（除耿庄、徐胡同、赵庄、冯庄、周集、南何、孙楼、赵楼、吕集、项庄、高庄西南之外）全境，吕陵、马岭岗、何楼，大黄集北部与王浩屯接壤外，都司北部至胡集南部一线。沙土南部及东北部。安兴南部宋河至皇镇一线。6 级土壤交换性钙含量在 1 500～2 000mg/kg，占土壤总面积的 5.49%，主要分布在李村西边境，岔河头至刘庄至大屯至马厂一带，高庄的耿庄、徐胡同、赵庄、冯庄、周集、南何、孙楼、赵楼、吕集、项庄、高庄西南及吴店的浆坊一带，大黄集的东南边境，及沙土的五道街至任桥一线，康集及任楼村。

按照山东省耕地土壤养分分级标准，牡丹区耕地土壤交换性钙含量多属Ⅳ级、Ⅴ级水平，两者占耕地总面积的 81.27%。含量属Ⅲ级、Ⅵ级的分别占 13.24%、5.49%。在农业生产中，除出现白菜干烧心及西红柿脐腐病等缺钙现象外，未在其他作物上发现缺钙现象。

（二）不同利用类型土壤交换性钙含量状况

不同利用类型土壤交换性钙含量状况如表 4-23 所示。

表 4-23 不同利用类型土壤交换性钙含量 （单位：mg/kg）

利用类型	平均值	最大值	最小值	标准差	变异系数
小麦—玉米	2 600	3 800	1 300	0.79	22.3
小麦—棉花	2 500	3 800	1 300	0.86	22.2
蔬菜	2 300	3 000	1 300	1.01	22.7

样本数：706 个

从表 4-23 看，3 种利用类型间土壤交换性钙含量差异不大，表明土壤交换性钙含量与种植作物种类关系不明显。由于种植种类不同，施钾肥量明显有别。对需钾量多的作物增施钾肥，可满足作物生长发育需要，又能抑制土壤中交换性钙向速效钾转化，使土壤中交换性钙含量保持相对稳定。对于高产地块和蔬菜田来说，增施钾肥可确保土壤肥力持久。

（三）不同土壤质地土壤交换性钙含量状况

沙壤、轻壤、中壤、重壤 4 种质地交换性钙含量如表 4-24 所示。

表 4-24 不同土壤类型土壤交换性钙含量 （单位：mg/kg）

土壤类型	平均值	最大值	最小值	标准差	变异系数
沙壤	2 300	3 000	1 300	0.85	23.1
轻壤	2 500	3 000	1 300	0.78	22.7
中壤	2 900	3 800	1 400	0.87	22.3
重壤	2 900	3 800	1 400	0.83	22.4

样本数：706 个

从表 4-24 可以看出，沙壤、轻壤、中壤、重壤 4 种质地间的土壤交换性钙含量逐渐增大，表明土壤交换性钙含量与土壤质地有很大关系。土壤中的交换性钙主要存在于黏土矿物的层状结构中和部分水云母、黑云母中，不能被作物当季吸收利用。一般土壤质地越黏重，含钾黏土矿物就越多，相应土壤中交换性钙含量就高。能在土壤速效钾含量低时，可缓慢释放出来，是土壤速效钾的直接后备。同一质地土壤中交换性钙含量差异不大。

二、土壤交换性镁

（一）耕层交换性镁含量及分级

全区土壤交换性镁含量平均为 610mg/kg，变幅 63～2 180mg/kg。其含量分级如表 4-25 所示。

表 4-25 耕层土壤交换镁分级及面积

级别	1	2	3	4	5	6	7
范围（mg/kg）	>600	400～600	300～400	250～300	200～250	150～200	<150
耕地面积（hm²）	1 155.35	5 989.8	20 781.03	21 598.62	13 292.25	12 126.80	20 487.58
占耕地比例（%）	1.21	6.28	21.78	22.63	13.93	12.70	21.47

样本数：706 个

从表4-25可以看出，全区土壤交换性镁含量共分1～7级7个级别，其中，1级土壤交换性镁含量大于600mg/kg，占土壤总面积的1.21%，主要分布在李村的贾庄、朱庄、安庄及桑堂一带。2级土壤交换性镁含量在400～600mg/kg，占土壤总面积的6.28%，主要分布在李村镇和万福办事处的耿海、曹庄一带。3级土壤交换性镁含量在300～400mg/kg，占土壤总面积的21.78%，分布在李村镇的西南边境，小留镇西部、北部，马岭岗镇及王浩屯的东部，万福办事处大部及吴店的西南、东南部，都司镇的东部、南部，胡集东南与安兴东北交界处。4级土壤交换性镁含量在250～300mg/kg，占土壤总面积的22.63%，分布在高庄、黄岗、吴店、万福、吕陵一带，王浩屯西部及皇镇大部。5级土壤交换性镁含量在200～250mg/kg，占土壤总面积的13.93%，主要分布在高庄镇的赵庄、冯庄、孙楼、高庄，吴店的冯楼、林庄、程胡同、牛楼、浆坊，吕陵的算王、庞王，王浩屯西部刘佰台、郭寨、辛刘庄以西，大黄集东部、西部、西北部。何楼纸坊至岳园至卜箕屯至王庄一线，都司西部及东、西马垓一带，皇镇、沙土南部。6级土壤交换性镁含量在150～200g/kg，占土壤总面积的12.47%，主要分布在牡丹办事处的大闫庄至皇镇的夹河赵至沙土的大付庄一线，沙土的康集、大吕庄至安兴的应楼、田楼、盐土张至都司的周楼至牡丹办事处的李大营、何寨一线，大黄集的西南部。7级土壤交换性镁含量小于150g/kg，占土壤总面积的21.47%，主要分布在沙土的北部、东北部，安兴大部，牡丹办事处钟路口以西、李洪周以南、何寨以东，何楼办事处大部。

按照山东省耕地土壤养分分级标准，牡丹区耕地土壤交换性镁含量多属3～5级，总面积的58.34%，7级水平也占有相当的面积，占21.47%。但在农业生产中未发现缺镁现象。

（二）不同利用类型土壤交换性镁含量状况

不同利用类型土壤交换性镁含量如表4-26所示。

表4-26　不同利用类型土壤交换性镁含量　　　（单位：mg/kg）

利用类型	平均值	最小值	最大值	标准差	变异系数
小麦—玉米	590	170	2 090	0.93	22.1
小麦—棉花	610	260	2 130	0.96	22.3
蔬菜	600	260	2 180	1.12	22.5

样本数：706个

从表4-26可以看出，3种利用类型间土壤交换性镁含量差异不大，表明土壤交换性镁含量与种植作物种类关系不明显。由于种植种类不同，施钾肥量明显有别。对需钾量多的作物增施钾肥，可满足作物生长发育需要，又能抑制土壤中交换性镁向速效钾转化，使土壤中交换性镁含量保持相对稳定。对于高产地块和蔬菜田来说，增施钾肥可确保土壤肥力持久。

（三）不同土壤质地土壤交换性镁含量状况

沙壤、轻壤、中壤、重壤4种质地交换性镁含量如表4-27所示。

表 4-27 不同土壤类型土壤交换性镁含量 （单位：mg/kg）

土壤类型	平均值	最大值	最小值	标准差	变异系数
沙壤	520	1 930	63	0.81	22.3
轻壤	550	1 970	78	0.91	22.4
中壤	610	2 110	150	1.08	22.3
重壤	650	2 180	520	1.02	22.19

样本数：706 个

从表 4-27 可以看出，沙壤、轻壤、中壤、重壤 4 种质地间的土壤交换性镁含量逐渐增大，表明土壤交换性镁含量与土壤质地有很大关系。土壤中的交换性镁主要存在于黏土矿物的层状结构中和部分水云母、黑云母中，不能被作物当季吸收利用。一般土壤质地越黏重，含钾黏土矿物就越多，相应土壤中交换性镁含量就高。能在土壤速效钾含量低时，可缓慢释放出来，是土壤速效钾的直接后备。同一质地土壤中交换性镁含量差异不大。

三、土壤有效硫

（一）耕层有效硫含量及分级

全区土壤有效硫含量平均为 31mg/kg，变幅 3～157mg/kg。其含量分级如表 4-28 所示。

表 4-28 耕层土壤有效硫分级及面积

级别	1	2	3	4	5	6	7
范围（g/kg）	＞100	75～100	60～75	45～60	30～45	15～30	＜15
耕地面积（hm²）	49.00	0	664.88	8 332.01	31 296.58	53 968.37	1 120.58
占耕地比例（％）	0.05	0	0.71	8.73	32.79	56.55	1.17

样本数：706 个

从表 4-28 可以看出，全区土壤有效硫含量共分 1～7 级 7 个级别，其中，1 级土壤有效硫含量大于 100mg/kg，占土壤总面积的 0.05％，面积极小，只在沙土康集东南有分布。3 级土壤有效硫含量在 60～75mg/kg，占土壤总面积的 0.71％，面积较小，主要分布在高庄镇郅庄、马岭岗刘庄、何楼蔡庄、沙土的康集、房庄、朱庄。4 级土壤有效硫含量在 45～60mg/kg，占土壤总面积的 8.73％，仅在李村、小留、万福、王浩屯、何楼、安兴有零星分布。5 级土壤有效硫含量在 30～45mg/kg，占土壤总面积的 32.79％，各乡镇均有分布，但牡丹区西北、西部、西南分布较多，东部的安兴、沙土也有分布。6 级土壤有效硫含量在 15～30mg/kg，占土壤总面积的 56.55％，各乡镇均有广泛分布。7 级土壤有效硫含量小于 15mg/kg，占土壤总面积的 1.17％，皇镇南部分布较集中。

牡丹区土壤有效硫含量属 5 级、6 级水平的为最多，占耕地总面积的 89.34％，这说明全区耕地土壤有效硫基本都处于较低水平，施用含硫化肥将对牡丹区土壤硫含量造成影响。

（二）不同利用类型土壤有效硫含量状况

不同利用类型土壤有效硫含量如表 4 - 29 所示。

表 4 - 29　不同利用类型土壤有效硫含量　　　（单位：mg/kg）

利用类型	平均值	最大值	最小值	标准差	变异系数
小麦—玉米	28	121	3	8.20	45.47
小麦—棉花	27	120	4	6.91	40.08
蔬菜	35	157	24	16.07	45.89

样本数：706 个

从表 4 - 29 可以看出，3 种利用类型间土壤有效硫含量差异不大，表明土壤有效硫含量与种植作物种类关系不明显。

（三）不同土壤质地土壤有效硫含量状况

沙壤、轻壤、中壤、重壤 4 种质地有效硫含量如表 4 - 30 所示。

表 4 - 30　不同土壤类型土壤有效硫含量　　　（单位：mg/kg）

土壤类型	平均值	最大值	最小值	标准差	变异系数
沙壤	27	131	6	7.78	43.66
轻壤	28	134	5	7.42	40.80
中壤	28	149	5	9.10	49.53
重壤	35	157	10	20.67	82.15

样本数：706 个

从表 4 - 30 可以看出，沙壤、轻壤、中壤、重壤 4 种质地间的土壤有效硫含量逐渐增大，表明土壤有效硫含量与土壤质地有很大关系。土壤中的有效硫主要存在于黏土矿物的层状结构中和部分水云母、黑云母中，不能被作物当季吸收利用。一般土壤质地越黏重，含钾黏土矿物就越多，相应土壤中有效硫含量就高。能在土壤有效硫含量低时，可缓慢释放出来，是土壤有效硫的直接后备。同一质地土壤中有效硫含量差异不大。

四、土壤有效硅

耕层有效硅含量及分级。

全区土壤有效硅含量平均为 186mg/kg，变幅 111～429mg/kg。其含量分级如表4 - 31 所示。

表 4 - 31　耕层土壤有效硅分级及面积

级别	1	2	3	4
范围（g/kg）	＞300	200～300	150～200	100～150
耕地面积（hm²）	916.14	28 782.12	57 573.78	8 159.39
占耕地比例（％）	0.96	30.16	60.33	8.55

样本数：706 个

从表 4-31 可以看出，全区土壤有效硅含量共分 1～4 级 4 个级别，全区土壤有效硅含量较丰富。其中 1 级土壤有效硅含量大于 300mg/kg，占土壤总面积的 0.96％，面积极小，只在李村、吴店、万福、吕陵、马岭岗、王浩屯、何楼、牡丹有零星分布。2 级土壤有效硫含量在 200～300mg/kg，占土壤总面积的 30.16％，主要分布在牡丹区的西北、北部和西部分布面积较大。东部基本没有分布。3 级土壤有效硅含量在 150～200mg/kg，占土壤总面积的 60.33％，在全区各乡镇均有分布。4 级土壤有效硅含量在 100～150mg/kg，占土壤总面积的 8.55％，仅在安兴至沙土一线有集中分布。

牡丹区土壤有效硅含量属Ⅱ级、Ⅲ级水平的为最多，占耕地总面积的 90.49％，这说明全区耕地土壤有效硅处于较高水平，但在水稻种植区仍应提倡合理施用含硅化肥。

第四节 土壤微量营养元素状况

微量元素在土壤中含量尽管很低，但它对植物的生长发育是必不可少的，它的缺乏或过量，都有可能导致作物生理性病害或产生中毒，影响作物的产量和品质。牡丹区地处黄泛平原，沙、壤、黏土交错分布，同时各自受人为活动影响程度很大。因此，土壤微量元素含量高低和分布也比较复杂。土壤锌、硼、锰、铜、铁、钼六种微量元素总的状况是有效硼含量偏低，有效锌、锰、铜的变幅较大；土壤有效锌、硼、钼含量变幅较小。

全区不同土壤质地间的微量元素含量差异较小，铜、锰在土壤中有效态的含量，随质地的加重而增高；锌、硼、铁有效态的含量比较复杂，随土壤质地的变化无明显的变化规律。

一、土壤有效锌

（一）土壤有效锌含量分级及面积

全区耕层土壤有效锌平均含量为 1.15mg/kg，变幅为 0.02～7.80mg/kg，含量分级及面积如表 4-32 所示。

表 4-32 耕层土壤有效锌分级及面积

级别	1	2	3	4	5
范围（mg/kg）	＞3.0	1.0～3.0	0.5～1.0	0.3～0.5	＜0.3
耕地面积（hm²）	319.22	58 732.47	32 722.56	2 887.73	502.33
占耕地比例（％）	0.33	61.54	34.57	4.36	0.53

样本数：2 167 个

从表 4-32 可以看出，全区耕层土壤有效锌含量共分 1～5 级 5 个级别，其中，1 级土壤有效锌含量最高，但面积极小，仅占土壤总面积的 0.33％，仅在马岭岗镇的候金铎村北、赵楼村南、毕匠王村王村南及何楼郭清社区南、刘庄有分布。2 级土壤有效锌含量在 1.0～3.0mg/kg，占土壤总面积的 61.54％，属较高水平，全区各乡镇均有分布，但安兴面积较小。3级土壤有效锌含量在0.5～1.0mg/kg，占土壤总面积的34.57%，属中等水平，各乡镇均有分布，以安兴面积较大，其次是吴店的大刘庄至吕陵的杨庙一线。4级土壤有效锌含量在0.3～0.5mg/kg，占土壤总面积的4.36%，属低水平，仅在王浩屯、安兴、胡集、皇镇、沙土、高庄有零星分布。5级土壤有效锌含量小于0.3mg/kg，面积较小，占0.53%，与4级土壤呈复分布。总体来看，牡丹区土壤有效锌含量大多在0.5mg/kg以上，中等以上含量的面积占95.11%，属中等偏高水平。在农业生产实践中，要根据土壤有效锌区域分布，合理补施锌肥，特别是玉米要注意补锌。

（二）不同利用类型土壤有效锌含量状况

不同类型土壤有效锌含量如表4-33所示。

表4-33　不同利用类型土壤有效锌含量　　（单位：mg/kg）

利用类型	平均值	最大值	最小值	标准差	变异系数
小麦—玉米	0.82	3.09	0.02	0.42	58.24
小麦—棉花	0.80	6.57	0.04	0.57	73.67
蔬菜	2.30	7.80	0.58	1.64	71.41

样本数：2 167个

从表4-33可以看出，前两种利用类型之间土壤有效锌含量无明显差异，但都比蔬菜田低，同一利用类型之间差异变幅较大。这与不同作物需锌量不同和施肥量多少有关，需锌肥多的作物施用锌肥偏多或偏少，都会造成土壤中有效锌含量偏高或偏低。在农业生产实践中，宜根据土壤中有效锌含量的高低和种植作物需锌量的不同，合理施用锌肥，以利于优质高产。

（三）不同土壤质地土壤有效锌含量状况

表4-34　不同土壤质地土壤有效锌含量　　（单位：mg/kg）

土壤类型	平均值	最大值	最小值	标准差	变异系数
沙壤	0.79	6.57	0.02	0.61	76.51
轻壤	0.84	6.50	0.04	0.69	82.07
中壤	0.80	7.80	0.08	0.68	85.29
重壤	0.94	5.51	0.18	0.99	104.99

样本数：2 167个

从表4-34可以看出，沙壤、轻壤、中壤、重壤4种质地之间土壤有效锌含量平均值差异不大，在同一耕层质地之间有效锌含量差异较大，尤其是重壤变异系数达104.99%，表明土壤中有效锌的含量比较复杂，随土壤质地的变化无明显的变化规律。应根据土壤有效锌的区域分布及丰缺状况，制定补锌方案。

二、土壤有效硼

(一) 土壤有效硼含量分级及面积

耕层土壤有效硼含量平均为 0.77mg/kg，含量范围为 0.15～1.85mg/kg，含量分级及面积如表 4-35 所示。

表 4-35　耕层土壤有效硼分级及面积

级别	1	2	3	4
范围（mg/kg）	>2.0	1.0～2.0	0.5～1.0	0.2～0.5
耕地面积（hm²）	0	11 953.71	79 627.10	3 850.61
占耕地比例（%）	0	12.53	83.44	4.03

样本数：2 167 个

从表 4-35 可以看出，全区耕层土壤有效硼含量共分 2～4 级 3 个级别，其中，2 级土壤有效硼含量最高，占土壤总面积的 12.53%，属较高水平，主要分布在牡丹区的西部、西北部、西南部，北部、东部有少量分布。3 级土壤有效硼含量在 0.5～1.0mg/kg，占土壤总面积的 83.44%，属中等水平，在全区各乡镇广泛分布。4 级土壤有效硼含量在 0.2～0.5mg/kg，占土壤总面积的 4.03%，属低水平，仅在高庄、沙土、牡丹、王浩屯有少量分布。总体来看，全区土壤有效硼含量处于中等水平，针对需硼作物尤其是棉花、蔬菜在生产中要重视硼肥的施用。

(二) 不同利用类型土壤有效硼含量状况

不同类型土壤有效硼含量如表 4-36 所示。

表 4-36　不同利用类型土壤有效硼含量　　　　　（单位：mg/kg）

利用类型	平均值	最大值	最小值	标准差	变异系数
小麦—玉米	0.64	1.85	0.27	0.16	25.29
小麦—棉花	0.59	1.54	0.15	0.16	24.61
蔬菜	0.82	0.98	0.19	0.14	22.42

样本数：2 167 个

从表 4-36 可以看出，3 种利用类型土壤中有效硼含量无明显差异，同一利用类型间差异也不明显，这与全区土壤有效硼供给水平和施肥情况有关。全区土壤有效硼含量多在 0.5～1.0mg/kg，供给水平相差较小，且都处于缺硼临界范围内，根据种植作物不同，人为有意识地补施硼肥，即可满足作物需肥又可维持土壤中有效硼含量相对稳定。

(三) 不同土壤质地土壤有效硼含量状况

不同土壤质地有效硼含量如表 4-37 所示。

表 4-37　不同土壤质地土壤有效硼含量　　　（单位：mg/kg）

土壤类型	平均值	最大值	最小值	标准差	变异系数
沙壤	0.76	1.23	0.15	0.16	25.18
轻壤	0.79	1.17	0.18	0.16	24.04
中壤	0.75	1.85	0.18	0.16	24.45
重壤	0.80	1.02	0.32	0.17	26.48

样本数：2 167 个

从表 4-37 看，不同土壤质地之间有效硼含量平均值基本相同，同一质地之间变异系数不大。全区地处黄泛平原，成土母质为黄土母质，富含镁质，土壤石灰反应强烈，pH 值呈微碱至碱性，硼的有效性与土壤 pH 值关系密切，pH 值＞7.5 时有效性降低。牡丹区土壤 pH 值全在 7.5～8.5，土壤中有效硼易和镁结合生成偏硼酸镁，溶解度降低，造成土壤中有效硼含量普遍不高，大多在 0.5～1.0mg/kg，差异不大，随土壤质地变化无明显的变化规律。

三、土壤有效锰

（一）土壤有效锰含量分级及面积

耕层土壤有效锰含量平均为 8.23mg/kg，变幅为 2.25～21.94mg/kg，其含量与分级如表 4-38 所示。

表 4-38　耕层土壤有效锰分级及面积

级别	1	2	3	4
范围（mg/kg）	＞30	15～30	5～15	1～5
耕地面积（hm²）	0	620.77	85 086.19	9 724.46
占耕地比例（%）	0	0.65	89.16	10.19

样本数：2 167 个

从表 4-38 可以看出，全区耕层土壤有效锰含量共分 2～4 级 3 个级别，其中，2 级土壤有效锰含量最高，在 15～30mg/kg，但面积较小，仅占土壤总面积的 0.65%，属较高水平，仅在小留的王集、洪堂、小留集有分布。3 级土壤有效锰含量在 5～15mg/kg，占土壤总面积的 89.16%，属一般水平，在全区各乡镇广泛分布。4 级土壤有效锰含量在 1～5mg/kg，占土壤总面积的 10.19%，属低水平，主要分布在吴店南部、西南部，何楼办事处，安兴大部，都司西南及南部。总体来看，全区土壤中有效锰含量普遍较低，生产上必须重视锰肥的使用。

（二）不同利用类型土壤有效锰含量状况

3 种利用类型土壤有效锰含量状况如表 4-39 所示。

表 4 - 39　不同利用类型土壤有效锰含量　　　　　（单位：mg/kg）

利用类型	平均值	最大值	最小值	标准差	变异系数
小麦—玉米	8.10	17.70	4.30	2.06	25.42
小麦—棉花	9.09	20.16	2.20	2.48	27.32
蔬菜	8.21	15.80	3.50	2.62	31.86

样本数：2 167 个

从表 4 - 39 看，3 种利用类型土壤中有效锰含量差异不大，同一利用类型间差异明显，变幅较大。这与全区土壤有效锰供给水平和施肥情况有关。全区土壤有效锰含量基本上在 5～15mg/kg，土壤供给水平相当，与不同利用类型关系不大。

（三）不同土壤质地有效锰含量状况（表 4 - 40）

表 4 - 40　不同土壤类型土壤有效锰含量　　　　　（单位：mg/kg）

土壤类型	平均值	最大值	最小值	标准差	变异系数
沙壤	7.88	18.73	2.28	2.64	29.75
轻壤	8.06	21.94	2.79	2.66	29.31
中壤	8.02	18.00	2.80	2.32	25.69
重壤	8.50	15.30	5.10	2.42	26.04

样本数：2 167 个

从表 4 - 40 可以看出，不同土壤质地之间有效锰含量平均值相差较小，从沙壤到重壤有曲折上升趋势，同一质地之间变幅较大，表明土壤有效锰含量与成土母质有关。因牡丹区地处黄泛平原，属黄河冲积物，富含镁质，土壤石灰反应强烈，pH 值呈微碱至碱性，土壤中锰含量少，且在碱性或石灰性土壤中易形成 MnO_2 沉淀，有效性降低，造成土壤中有效锰含量普遍不高，大多在 5～15mg/kg，差异不大。但随着土壤质地有逐步加重，土壤中有机质含量增加，土壤 pH 值逐渐减小，土壤中锰的有效性增加，有效锰含量随土壤质地加重呈逐渐增高趋势。

四、土壤有效铜

（一）土壤有效铜含量分级及面积

耕层土壤有效铜含量平均为 1.88mg/kg，变幅为 0.25～16.02/kg，其含量与分级如表 4 - 41 所示。

表 4 - 41　耕层土壤有效铜分级及面积

级别	1	2	3
范围（mg/kg）	＞1.8	1.0～1.8	0.2～1.0
耕地面积（hm²）	30 778.62	55 929.67	8 723.14
占耕地比例（%）	32.25	58.61	9.14

样本数：2 167 个

从表 4-41 可以看出，全区耕层土壤有效铜含量共分 1~3 级 3 个级别，其中，1 级土壤有效铜含量最高，在 1.8mg/kg 以上，占土壤总面积的 32.25%，属高水平，分布在高庄、万福、王浩屯南边境、何楼北部、吕陵北部、沙土北部。2 级土壤有效铜含量在 1.0~1.8mg/kg，占土壤总面积的 58.61%，属较高水平，在全区各乡镇广泛分布。3 级土壤有效铜含量在 0.2~1.0mg/kg，占土壤总面积的 4.95%，属一般水平，主要分布在黄岗西部、南部及北边境，胡集东北及东南部，安兴南部，王浩屯西部。总体来看，全区土壤中有效铜含量比较丰富，分布较均匀。

（二）不同利用类型土壤有效铜含量状况（表 4-42）

表 4-42　不同利用类型土壤有效铜含量　（单位：mg/kg）

利用类型	平均值	最大值	最小值	标准差	变异系数
小麦—玉米	1.23	2.34	0.25	0.34	27.90
小麦—棉花	1.27	5.18	0.26	0.36	28.71
蔬菜	1.95	16.02	0.66	1.58	67.77

样本数：2 167 个

从表 4-42 可以看出，前两种利用类型土壤有效铜含量无明显差异，同一利用类型之间变幅较大，但与蔬菜田相比略低些。可能与全区土壤有效铜供给水平和施肥情况有关。相对而言，在土壤有效铜供给水平相差不大的情况下，蔬菜施用微肥量要比大田作物多，势必造成土壤中有效铜含量比大田偏高。

（三）不同土壤质地有效铜含量状况（表 4-43）

表 4-43　不同土壤类型土壤有效铜含量　（单位：mg/kg）

土壤类型	平均值	最大值	最小值	标准差	变异系数
沙壤	1.69	15.05	0.47	0.41	34.77
轻壤	1.79	10.40	0.38	0.44	33.88
中壤	1.90	10.38	0.26	0.53	38.16
重壤	1.90	16.02	0.78	0.53	37.73

样本数：2 167 个

从表 4-43 可以看出，不同土壤质地之间有效铜含量平均值呈缓慢上升趋势，同一质地之间变幅较大，说明土壤有效铜含量与土壤成土母质有关。因牡丹区属黄河冲积物，pH 呈微碱至碱性，而土壤有效铜受 pH 值影响较大，在碱性或石灰性土壤中以氢氧化铜或碳酸铜形式存在，有效性降低，造成土壤中有效铜含量很少。但随着土壤质地有逐步加重，土壤中有机质含量增加，土壤 pH 值逐渐减小，土壤中铜的有效性增加，含量也随土壤质地加重而逐渐增高。

五、土壤有效铁

（一）土壤有效铁含量分级及面积

全区土壤有效铁含量平均为 12.69mg/kg，变幅为 2.07~23.69mg/kg，其含量与分级如表4-44所示。

表4-44　耕层土壤有效铁分级及面积

级别	1	2	3	4	5
范围（mg/kg）	＞20	10～20	4.5～10	2.5～4.5	＜2.5
耕地面积（hm²）	10 189.94	44 348.68	28 407.04	9 057.56	3 428.20
占耕地比例（%）	10.68	46.47	29.77	9.49	3.59

样本数：2 167个

从表4-44可以看出，全区耕层土壤有效铁含量共分1～4级4个级别，其中，1级土壤有效铁含量大于20mg/kg，属高水平，占面积的10.68%，主要分布在高庄镇，万福西北、东南，沙土西北、东北。2级土壤有效铁含量较高，含量在10～20mg/kg，占土壤总面积的46.47%，主要分布在除都司、高庄外其他各乡镇。3级土壤有效铁含量在4.5～10mg/kg，占土壤总面积的29.77%，属一般水平，在李村、吕陵、牡丹、何楼、胡集面积较大。4级土壤有效铁含量在2.5～4.5mg/kg，占土壤总面积的9.49%，在吴店、都司、安兴、皇镇有大面积分布。5级土壤有效铁含量小于2.5mg/kg，占土壤总面积的3.59%，在吴店、都司面积较大，安兴、皇镇有少量分布。总起来看，全区土壤中有效铁含量比较丰富，分布较均匀，只有局部区域相对缺泛，且大多集中在一些老果园上或林地改良田后的耕地上。在农业生产实践中，针对缺铁地块补施铁肥。

（二）不同利用类型土壤有效铁含量状况（表4-45）

表4-45　不同利用类型土壤有效铁含量状况

利用类型	平均值	最大值	最小值	标准差	变异系数
小麦—玉米	11.54	17.80	2.66	2.29	25.42
小麦—棉花	11.46	22.30	2.07	2.48	27.32
蔬菜	13.82	25.40	5.70	3.56	32.86

样本数：2 167个

从表4-45可以看出，前两种利用类型土壤有效铁含量无明显差异，同一利用类型之间变幅相对较大，但与蔬菜田相比略低些。可能与全区土壤有效铁供给水平和施肥情况有关。据调查，在土壤有效铁供给水平相差不大的情况下，蔬菜施用微肥量要比大田作物多，是造成土壤中有效铁含量比大田偏高的主要原因。

（三）不同土壤质地土壤有效铁含量状况（表4-46）

表4-46　不同土壤类型土壤有效铁含量　　　　　（单位：mg/kg）

土壤类型	平均值	最大值	最小值	标准差	变异系数
沙壤	12.22	22.30	2.07	2.63	28.54
轻壤	12.51	25.40	2.66	2.69	28.29
中壤	12.08	21.80	4.37	2.69	29.66
重壤	12.99	18.10	4.42	2.77	30.81

样本数：2 167个

从表4-46看，不同土壤质地之间有效铁含量平均值相差不大，同一质地之间变幅较大，说明土壤有效铁含量与土壤成土母质有关。因牡丹区属黄河冲积物，pH值呈微碱至碱性，而土壤有效铁也受pH值影响较大，在碱性或石灰性土壤中以碳酸铁沉淀形式存在，有效性降低，造成土壤中有效铁含量很少，对需铁作物来说容易发生缺铁。但正常情况下土壤中不会缺铁，常常是人为活动改变了土壤条件影响了铁的有效性。如大水漫灌、土壤酸碱度改变、大量施用氮、磷、锌、锰、铜肥时，都会引起土壤中有效铁含量变化。可见，土壤中有效铁含量比较复杂，随土壤质地的变化无明显的变化趋势。

六、土壤有效钼

土壤有效钼含量分级及面积。

全区土壤有效钼含量平均为0.22mg/kg，变幅为0.13～0.61mg/kg，其含量与分级如表4-47所示。

表4-47　耕层土壤有效钼分级及面积

级别	1	2	3	4
范围（mg/kg）	＞0.3	0.2～0.3	0.15～0.2	0.1～0.15
耕地面积（hm²）	4 972.08	58 605.65	30 309.65	1 546.02
占耕地比例（%）	5.21	61.41	31.76	1.62

样本数：2 167个

从表4-47可以看出，全区耕层土壤有效钼含量共分1～4级4个级别，其中，1级土壤有效钼含量大于0.3mg/kg，属高水平，占面积的5.21%，主要分布在除胡集、都司、高庄外，其他乡镇均有零星分布。2级土壤有效钼含量较高，含量在0.2～0.3mg/kg，占土壤总面积的61.41%，全区各乡镇均有分布。3级土壤有效钼含量在0.15～0.2mg/kg，占土壤总面积的31.76%，属一般水平，与2级呈复分布，分布在全区各乡镇。4级土壤有效钼含量在0.1～0.15mg/kg，占土壤总面积的1.62%，在吴店、都司、安兴、皇镇有大面积分布。5级土壤有效钼含量小于2.5mg/kg，占土壤总面积的3.59%，在高庄、都司、胡集有少量分布。总体来看，全区土壤中有效钼含量比较丰富，分布较均匀，只有局部区域相对缺泛。在农业生产实践中，针对缺钼地块补施钼肥。

第五节　土壤主要物理性状

土壤物理性状直接影响土壤的水、肥、气、热，是决定耕地地力的重要因素。它主要包括土壤质地、土层厚度、土体构型、土壤容重、田间持水量及总孔隙度等方面。

一、土壤质地

牡丹区耕层土壤质地主要包括沙壤、轻壤、中壤、重壤4种类型。其中，沙壤面积最大，其次是轻壤、中壤和重壤，如表 4 - 48 所示。

表 4 - 48　耕层质地分级及面积

质地类型	沙壤	轻壤	中壤	重壤
耕地面积（hm²）	32 861.6	30 005.7	19 430.5	13 135.6
占耕地比例（%）	34.43	31.44	20.36	13.76

样本数：2 167 个

从表 4 - 48 可以看出，全区土壤质地以沙壤、轻壤和中壤为主，三者占总耕地面积的 86.23%，重壤占 13.76%。沙壤土土壤疏松，易耕作，但保水保肥能力弱、养分含量低、没后劲，发小苗，不发老苗，作物生长不良，产量较低，应注意增施有机肥、钾肥和微肥。轻壤土质地较松，耕性良好，通透性好，抗涝不抗旱，养分含量中等，保肥保水性能较差，易拿苗，但生长无后劲，产量一般较低。中壤土适耕期长，耕性良好，通透性和保肥保水能力适中，供肥性能好，不黏不硬，抗旱抗涝，土壤水、肥、气、热状况协调，适种各类农作物生长。重壤土主要分布在吕陵陈集至万福冯庄，小留王庄至安兴郭庄，安兴河两侧。高庄闫楼村南经徐河至王刘庄一线，曹庄到赵庄一线，白虎西北部。土壤质地黏重，养分含量较高，保肥性强，不发小苗，有后劲，但耕性差、有湿黏、干硬现象，影响作物生长，应注意客土改良。

二、土体构型

耕层土壤养分的高低，不仅和土壤质地有密切的关系，而且也受土体构型的影响。主要是通过土体中不同质地层次的排列，影响到土壤水分、盐分的运行及养分的存储和淋失。不同土体构型，土壤中的水分、盐分、养分运行不同，致使土壤肥力产生差异。全区土体构型类型多，分布复杂。主要有壤质黏心、壤均质、沙质黏心、黏均质、黏质沙心、沙质壤心、壤质沙心、沙均质 8 种类型，其中，以壤质黏心占的面积最大，壤质沙心次之，第三是沙均质，分级情况如表 4 - 49 所示。

表 4 - 49　土体构型分级及面积

土体构型	壤质黏心	壤均质	沙质黏心	黏均质	黏质壤心	沙质壤心	壤质沙心	沙均质
耕地面积（hm²）	8 493.6	6 584.8	19 659.3	95.4	286.3	1 622.4	33 020.0	25 671.6
占耕地比例（%）	8.9	6.9	20.6	0.1	0.3	1.7	34.6	26.9

样本数：2 167 个

壤质沙心：面积最大，占总面积的 34.6%，表层为壤黏质，心腰或腰底或心、腰底为沙质（上壤黏下沙），作物生长后期易脱水脱肥，利用中应加强肥水管理，加强作物生长中、后期追肥管理，防止作物早衰。

沙均质：占总面积的 26.9%，全剖面均为沙质，土壤通透性好，但土壤中水、肥、气、热条件不协调，养分含量低，保水保肥性差，肥效短，生育后期易脱肥。在肥水管理等方面，应采取"少吃多餐"的原则。

沙质黏心：占总面积的 20.6%，表层为沙质，心为壤黏质（上沙下壤），与蒙金型相比，土体构型略差，适于耕作，保水保肥性稍差，要注意协调氮、磷比例。

壤质黏心：占总面积的 8.9%，表层为轻壤或中壤质，下部有黏层，根据黏层出现的部位可分为厚黏心、厚黏腰等构型，土体"上松下实"，耕作层具有较好的水、气、热条件，心土层为黏土层，保肥性强，养分含量高。在利用方面，应重点协调氮、磷比例。

壤均质：占总面积的 6.9%，全剖面均为壤质，土体深厚，质地适中，保水保肥，易于根系伸展，土壤物理性状较好，养分含量中等，供肥平稳。在肥水调节中，应增施有机肥，协调土壤供肥比例，挖掘土壤的增产潜力。

沙质壤心：占总面积的 1.7%，表层、心或腰为沙质，腰或底为黏质，土壤黏层位置较深，中上层多漏水漏肥，土壤表层养分含量低，耕性好，易干旱，作物生长后期易脱肥。利用中应注意翻淤压沙、客淤压沙，改良土体结构，加强肥水管理。

黏质沙心：占总面积的 0.3%，表层为轻壤或中壤土，心或腰为沙质，腰或底为黏质（上壤黏、中沙、下黏），面积不大，此种构型通透性好，但漏水漏肥，肥效短，产量低且不稳。尤其是沙层出现部位较浅、沙层较厚的地块，对农业生产更为不利，应注意改良，肥水管理应"少吃多餐"。

黏均质：占总面积的 0.1%，表层为黏质，心腰或心腰底均为黏质，土壤物理性状差，耕性不良，水、气常处在矛盾之中，土壤潜在肥力高，但肥效慢。在耕作管理上，应逐步加深耕层，促使土壤熟化，实行秸秆还田，培肥地力，改良土壤结构，改善土壤的水、肥、气、热条件。

三、土壤容重

土壤容重是土壤松紧程度和耕性好坏的标志之一，土壤容重也是反映土壤质地对土壤水、气状况影响程度的重要方面。一般来说，土壤容重在 $1.25 \sim 1.35 \mathrm{g/cm^3}$ 的较为适宜。据全区 2 167 个耕地样点化验结果统计，耕层土壤容重平均为 $1.36 \mathrm{g/cm^3}$，变幅为 $1.26 \sim 1.42 \mathrm{g/cm^3}$。

（一）不同利用类型土壤容重状况（表 4-50）

表 4-50　不同利用类型土壤容重状况
（单位：g/cm³）

利用类型	平均值	最大值	最小值	标准差	变异系数
小麦—玉米	1.35	1.42	1.28	0.05	3.52
小麦—棉花	1.36	1.42	1.27	0.05	3.59
蔬菜	1.35	1.42	1.27	0.06	4.08

样本数：100 个

从表 4-50 可以看出，不同利用类型之间土壤容重无明显差异，且同一利用类型间土壤容重差异也不大，变幅很小。表明土壤容重与利用类型之间无明显关系，同一质地随耕种历史、土壤熟化程度以及施肥，尤其是秸秆还田量的不同，容重也有差异，耕种历史长，土壤熟化程度高，秸秆还田量大的土壤容重就小，反之则大。

（二）不同土壤质地土壤容重状况（表 4－51）

表 4－51　不同土壤类型土壤容重状况　　　　（单位：mg/kg）

土壤类型	平均值	最大值	最小值	标准差	变异系数
沙壤	1.39	1.42	1.29	0.021	1.44
轻壤	1.38	1.42	1.29	0.017	1.28
中壤	1.32	1.42	1.26	0.018	1.35
重壤	1.30	1.34	1.26	0.017	1.32

样本数：100 个

从表 4－51 中可以看出，容重与土壤质地有密切关系，土壤容重随着质地的变黏呈逐渐减少趋势。据调查，耕层沙土和沙壤土容重较大，平均为 1.44g/cm³，轻壤土为 1.38g/cm³，中壤土为 1.32g/cm³，重壤土为 1.30g/cm³。一般认为，旱地土壤容重以 1.1～1.35g/cm³ 比较适宜，即利于根系生长，又利于通气和保水。由此可见，全区大部分土壤耕层容重是比较适宜的，且同一质地土壤容重变化幅度不大。

（三）不同土壤深度土壤容重状况（表 4－52）

表 4－52　不同深度土壤容重状况　　　　（单位：mg/kg）

土壤深度	平均值	最大值	最小值	标准差	变异系数
0～10cm	1.30	1.36	1.26	0.077	5.43
10～20cm	1.37	1.42	1.32	0.084	5.78
20～30cm	1.40	1.45	1.37	0.075	4.99

样本数：100 个

从表 4－52 上可以看出，土壤容重随着土层深度增加而逐渐变大，土壤总孔隙和通气孔隙比表层相应逐渐变小，心土层土体紧实，通透性差，根系生长易受到影响。这与近几年农户多采取机械旋耕，耕作层逐年变浅有很大关系。因此，在农业生产实践中，除增施有机肥外，还应采取土壤深松即加深耕层厚度，打破犁底层，改良土壤心土层的物理性状，促进根系生长发育。

四、土壤田间持水量

土壤经灌溉或降雨排出重力水以后，所能保持的最大水量叫田间持水量。土壤田间持水量是衡量土壤肥力高低的重要指标之一。一般来说，沙土和沙壤土的田间持水量为 14％～20％，壤质土为 25％～39％，黏质土为 30％～42％。据全区 2 000 个耕地地力评价样点结果统计，耕层土壤田间持水量平均为 23.12％，变幅为 21.0％～26.9％。

（一）不同利用类型土壤田间持水量（表4-53）

表4-53　不同利用类型土壤田间持水量状况　　　　（单位：mg/kg）

利用类型	平均值	最大值	最小值	标准差	变异系数
小麦-玉米	23.21	24.70	21.00	1.02	4.40
小麦-棉花	23.10	26.30	21.00	1.23	5.31
蔬菜	23.32	26.90	21.00	1.25	5.35

样本数：100个

从表4-53可以看出，3种利用类型之间土壤田间持水量无明显差异，同一利用类型间土壤田间持水量有较小差异。表明土壤田间持水量与利用类型之间无明显关系。同一利用类型中土壤田间持水量有所变化，可能与不同土壤质地有关。

（二）不同土壤质地土壤田间持水量（表4-54）

表4-54　不同土壤类型土壤田间持水量状况　　　　（单位：mg/kg）

土壤类型	平均值	最大值	最小值	标准差	变异系数
沙壤	21.58	23.50	21.00	0.53	2.46
轻壤	23.24	24.20	22.70	0.21	0.89
中壤	24.27	24.90	23.50	0.20	0.84
重壤	26.12	26.90	25.80	0.15	0.59

样本数：100个

从表4-54可以看出，土壤田间持水量随土壤质地加重而逐渐增大。表明土壤田间持水量和土壤质地关系十分密切。一般土壤质地越黏重，土壤中物理性黏粒含量越高，土粒吸水能力也就越强，田间持水量相应也就越大。相关研究表明，土壤田间持水量和土壤质地关系达到极显著水平。同种质地间土壤田间持水量变幅不大，可能与耕地地力评价样点采集时间相对集中有关。

第六节　土壤养分综述

（一）全区土壤的肥力水平很不平衡，土壤养分含量也有较大差异

全区土壤有机质平均含量为13.8g/kg，全氮0.94g/kg，碱解氮86mg/kg，有效磷22.6mg/kg，速效钾122mg/kg，缓效钾858mg/kg；微量元素中，有效锌1.15mg/kg，有效硼0.77mg/kg，有效锰8.23mg/kg，有效铜1.88mg/kg，有效铁12.69mg/kg，有效钼0.22mg/kg。土壤中速效氮、磷（P_2O_5）、钾的比值平均为1：0.26：1.4，一般认为土壤中的速效氮、磷（P_2O_5）的比值以1：（0.25～0.5）较适宜。由此看来，全区土壤有机质含量偏低，土壤氮、磷比例失调，有效磷缺乏，碱解氮含量水平也不高，只有速效钾含量比较丰富。

1979年土壤普查时，当时的土壤养分总体情况为严重缺磷，普遍缺氮，钾含量较

丰富，有机质偏低，氮磷钾比例失调。

1979 年，牡丹区耕地有机质含量平均为 7.6g/kg，含量在 10～20g/kg 的占 9.5%，低于 10g/kg 的占 90.5%。而 2008 年数据显示，牡丹区耕地土壤有机质平均含量为 13.8g/kg，比 1979 年增加了 81.6%（图 4-1），含量大于 20g/kg 的占 0.62%，10～20g/kg 的占 92.76%，低于 10g/kg 占 6.62%。近年来，秸秆还田技术逐步被群众接受，秸秆还田技术的应用在一定程度上增加了牡丹区耕地土壤有机质的含量。此外，随着牡丹区农民对有机肥认识的不断提高，有机肥施用量也在逐年增加，增施有机肥可直接提高土壤有机质含量。目前总起来看，牡丹区土壤有机质平均含量还处于中等偏底水平。

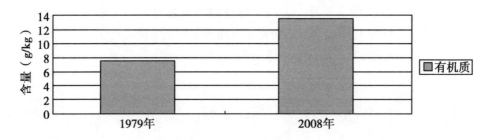

图 4-1 土壤有机质变化

1979 年，牡丹区碱解氮含量平均为 39.4mg/kg，含量大于 60mg/kg 的占 5.7%，含量在 40～60mg/kg 的占 32.5%，低于 40mg/kg 的占 61.8%。而 2008 年土壤分析结果显示，碱解氮平均含量为 86mg/kg，比 1979 年增加了 118.3%（图 4-2），含量大于 120mg/kg 的占 5.93%，含量在 75～120mg/kg 的占 58.83%，低于 75mg/kg 占 35.24%。土壤碱解氮提高的原因主要是氮肥使用量的增加，尤其是尿素、碳酸氢铵、磷酸二铵和复合肥等易溶肥料的使用，加快了土壤氮素的积累。

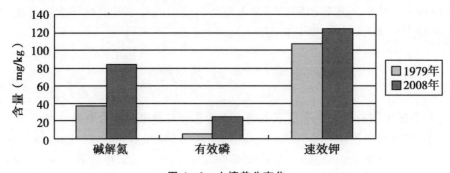

图 4-2 土壤养分变化

1979 年，牡丹区有效磷含量平均为 8.0mg/kg，耕地土壤有效磷含量在 20～40mg/kg 的占 5.5%，10～20mg/kg 的占 12.7%，5～10mg/kg 的占 34.6%，小于 5mg/kg 的占 47.2%，土壤有效磷处在严重缺乏的状态。而 2008 年数据显示，牡丹区目前土壤有效磷平均含量为 22.63mg/kg，是 1979 年的 2.8 倍（图 4-2），含量大于 20mg/kg 的耕地占总耕地面积的 49.44%，10～20 的占 48.44%，低于 10mg/kg 占

2.12%。1979年土壤普查时，技术人员根据牡丹区土壤严重缺磷的状况，提出了在生产中增施磷肥的改良措施，并在增产增收方面起到良好的效果，随着磷肥的使用，牡丹区土壤有效磷含量水平有所提高。但总的看，土壤中有效磷含量还是偏低。

1979年，牡丹区土壤速效钾含量平均为108.7mg/kg，含量产丰富。含量大于100mg/kg的占39.4%，80～100mg/kg的占16.9%，50～80mg/kg的占35.1%，低于50mg/kg的占8.6%。2008年，牡丹区速效钾平均含量为122mg/kg，比1979年增加了12.2%（图4-2）。含量大于150mg/kg的占18.77%，100～150的占45.62%，75～100的占23.18%，低于75mg/kg占12.43%。与1979年土壤速效钾含量比较，土壤速效钾含量水平有所提高，含量比较丰富，但在大量元素中增幅最小。

20多年来，随着耕作模式和施肥观念的变化，牡丹区土壤状况发生了较大变化。土壤有机质、碱解氮、有效磷和速效钾含量较1979年都有不同程度的提高，其中，有机质含量由低水平增加到中等偏低水平，氮素、磷素含量居中等水平，钾素比较丰富。

土壤养分状况与土壤质地有明显的关系。总的来看，养分含量的高低顺序是黏质潮土＞壤质潮土＞沙质潮土＞盐化潮土。另外，不同农业利用方式，土壤养分也有所差异。一般是菜田＞水浇田＞旱田＞果园＞林地＞沙荒地。主要是由于蔬菜田土壤年施肥量相对较高，经常耕作灌溉，土壤熟化程度高，养分含量相应就高；而农用耕地土壤的施肥量又多于其他用地，其土壤的熟化程度也较高；沙荒地的人为活动较少，对土壤培肥的影响小，土壤肥力明显偏低。

土壤养分含量除了受土壤质地的影响外，也常受施肥耕作等人为因素的影响，造成土壤养分在水平分布上呈"同心圆"状，即村镇附近有机肥和氮、磷等化肥用量较大，土壤耕作熟化程度高，相应地养分含量就高，随着与村镇距离加大，土壤养分含量逐渐有所降低。其主要原因是施肥量随之逐渐减少造成的。土壤养分分布不均还体现在不同土层上，总的趋势是表层的土壤养分含量明显高于心土层，心土层又高于底土层，整体来看，养分含量呈倒"金字塔"形。这都说明人为耕作施肥活动对土壤养分含量影响很大。

（二）土壤管理综合措施

在农业生产实践中，要根据土壤养分状况和作物需肥规律，力争科学合理施肥，调节好土壤养分，在现有品种和管理水平下，加快中、低产田改造，使低产变中产、中产变高产。可采取以下措施。

1. 增加投肥量

在增施有机肥的基础上，多增施磷、钾肥。尽管近几年磷肥用量有所增加，但相对氮肥来说施用量还是少的，加上镁质土壤对磷的固定作用强，致使土壤中有效磷含量增加幅度较小，使农业生产水平上升缓慢。这从全区土壤中速效氮、磷的比值1：0.26可以看出，还应该增加磷肥用量。对夏播作物也应增施磷肥，改变施肥习惯，以满足作物增产的需要。

2. 协调氮、磷比例

通过全区多年试验和生产实践证明，氮、磷肥的施用比例以1：（0.5～0.75）最为适宜，增产效果最好，经济效益最高。而本区目前土壤中速效氮、磷的比值仅为1∶0.26，氮、磷比例较不协调。所以，要想进一步提高单产，必须在保证灌溉的前提下，进一步调整氮、磷肥和有机肥的用量，使氮、磷比例趋于协调。

3. 增施钾肥

全区土壤速效钾含量较高，且缓效钾也很丰富，平均含量为858mg/kg，能不断释放以补偿因植物吸收而减少的速效钾。近几年来，随着秸秆还田力度加大，提倡增施有机肥和磷、钾肥，土壤中速效钾含量相对较高。但施用钾肥决不能忽视，特别是高产地块和质地轻的土壤，应有针对性地逐年增加钾肥施用量。若按亩产500kg计算，平均每年每亩地要从土壤中吸取7kg氧化钾。如果长期不增施有机肥和钾肥，作物吸取的钾得不到补偿，土壤中速效钾含量就会很快降低，最终会成为产量提高的限制因素。

4. 补施微量元素

农作物对微量元素的需求量尽管很少，但因全区土壤中有效锌、硼、锰等微量元素含量一般，有效性低，且大多处在作物需肥临界状态，部分土壤增施微肥仍有明显的增产效果。根据全区土壤理化性状，应有针对性地增施锌、硼、铁、钼等微量元素肥料，利于提高农作物的产量和品质。

第五章　耕地地力评价

耕地是土地的精华，是农业生产不可替代的重要生产资料，是保障社会和国民经济可持续发展的重要资源。保护耕地是我们的基本国策之一，因此，及时掌握耕地资源的数量、质量及其变化对于合理规划和利用耕地，切实保护耕地具有十分重要的意义。在全面的野外调查和室内化验分析，获取大量耕地地力相关信息的基础上，对牡丹区耕地地力进行综合评价，从而摸清了全区耕地地力的现状及问题，为耕地资源的高效和可持续利用提供了重要的科学依据。

第一节　耕地地力评价方法

一、评价的原则和依据

（一）评价的原则

耕地地力就是耕地的生产能力，是在一定区域内一定的土壤类型上，耕地的土壤理化性状、所处自然环境条件、农田基础设施及耕作施肥管理水平等因素的总和。根据评价的目的要求，在牡丹区耕地地力评价中，遵循如下基本原则。

1. 综合因素研究与主导因素分析相结合

土地是一个自然经济综合体，是人们利用的对象，对土地质量的鉴定涉及自然和社会经济多个方面，耕地地力也是各类要素的综合体现。所谓综合因素研究是指对地形地貌、土壤理化性状、相关社会经济因素之总体进行全面的研究、分析与评价，以全面了解耕地地力状况。主导因素是指对耕地地力起决定作用的、相对稳定的因子，在评价中要着重对其进行研究分析。因此，把综合因素与主导因素结合起来进行评价则可以对耕地地力做出科学准确的评定。

2. 共性评价与专题研究相结合

由于牡丹区耕地有水浇地、旱地等多种类型，土壤理化性状、环境条件、管理水平等不一，因此耕地地力水平有较大的差异。考虑区域内耕地地力的系统、可比性，针对不同的耕地利用等状况，应选用统一的评价指标和标准，即耕地地力的评价不针对某一特定的利用类型。另外，为了解不同利用类型的耕地地力状况及其内部的差异情况，对有代表性的主要类型进行专题的深入研究。这样，共性的评价与专题研究相结合，使整个的评价和研究具有更大的应用价值。

3. 定量和定性相结合

土地系统是一个复杂的灰色系统，定量和定性要素共存，相互作用，相互影响。因此，为了保证评价结果的客观合理，宜采用定量和定性评价相结合的方法。在总体上，为了保证评价结果的客观合理，尽量采用定量评价方法，对可定量化的评价因子如有机质等养分含量、土层厚度等按其数值参与计算，对非数量化的定性因子如土壤表层质地、土体构型等则进行量化处理，确定其相应的指数，并建立评价数据库，以计算机进行运算和处理，尽力避免人为随意性因素影响。在评价因素筛选、权重确定、评价标准、等级确定等评价过程中，尽量采用定量化的数学模型，在此基础上充分运用人工智能和专家知识，对评价的中间过程和评价结果进行必要的定性调整，定量与定性相结合，从而保证了评价结果的准确合理。

4. 采用 GIS 支持的自动化评价方法

自动化、定量化的土地评价技术方法是当前土地评价的重要方向之一。近年来，随着计算机技术，特别是 GIS 技术在土地评价中的不断应用和发展，基于 GIS 的自动化评价方法已不断成熟，使土地评价的精度和效率大大提高。本次耕地地力评价工作将通过数据库建立、评价模型及其与 GIS 空间叠加等分析模型的结合，实现了全数字化、自动化的评价流程，在一定的程度上代表了当前土地评价的最新技术方法。

（二）评价的依据

耕地地力是耕地本身的生产能力，因此耕地地力的评价则依据与此相关的各类自然和社会经济要素，具体包括 3 个方面。

1. 耕地地力的自然环境要素

包括耕地所处的地形地貌条件、水文地质条件、成土母质条件以及土地利用状况等。

2. 耕地地力的土壤理化要素

包括土壤剖面与土体构型、耕层厚度、质地、容重等物理性状，有机质、氮、磷、钾等主要养分、微量元素、pH 值、交换量等化学性状。

3. 耕地地力的农田基础设施条件

包括耕地的灌排条件、水土保持工程建设、培肥管理条件等。

二、评价流程

整个评价可分为 3 个方面的主要内容，按先后的次序如下。

（一）资料工具准备及数据库建立

根据评价的目的、任务、范围、方法，收集准备与评价有关的各类自然及社会经济资料，进行资料的分析处理。选择适宜的计算机硬件和 GIS 等分析软件，建立耕地地力评价基础数据库。

（二）耕地地力评价

划分评价单元，提取影响地力的关键因素并确定权重，选择相应评价方法，制订评价标准，确定耕地地力等级。

（三）评价结果分析

依据评价结果，量算各等级耕地面积，编制耕地地力分布图。分析耕地地力问题，提出耕地资源可持续利用的措施建议。

评价的工作流程如图 5-1 所示。

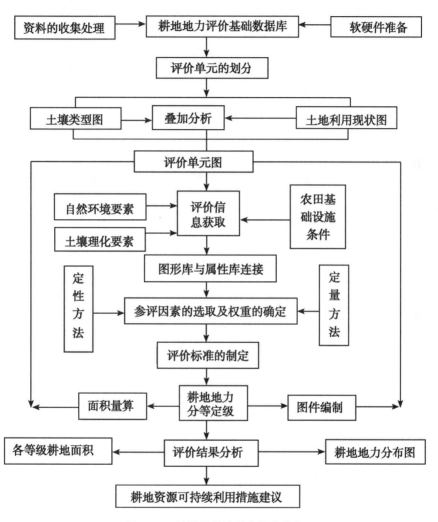

图 5-1　牡丹区耕地地力评价流程

三、软硬件准备

（一）硬件准备

主要包括高档微机、A0 幅面数字化仪、A0 幅面扫描仪、喷墨绘图仪等。微机主要用于数据和图件的处理分析，数字化仪、扫描仪用于图件的输入，喷墨绘图仪用于成果图的输出。

（二）软件准备

一是 WINDOWS 操作系统软件，二是 FOXPRO 数据库管理、SPSS 数据统计分析/AC-

CESS数据管理系统等应用软件，三是MapGIS、ArcView、ARCMAP等GIS软件。

四、资料的收集与处理

(一) 资料的收集

耕地地力评价是以耕地的各性状要素为基础，因此，必须广泛地收集与评价有关的各类自然和社会经济因素资料，为评价工作做好数据的准备。本次耕地地力评价收集获取的资料主要包括以下4个方面。

1. 野外调查资料

按野外调查点获取，主要包括地形地貌、土壤母质、水文、土层厚度、表层质地、耕地利用现状、灌排条件、作物长势产量和管理措施水平等。

2. 室内化验分析资料

包括有机质、全氮、速效氮、全磷、速效磷、速效钾等大量养分含量，交换性钙、镁等中量养分含量，有效锌、硼、钼等微量养分含量，以及pH值、土壤污染元素含量等。

3. 社会经济统计资料

以行政区划为基本单位的人口、土地面积、作物及蔬菜瓜果面积，以及各类投入产出等社会经济指标数据。

4. 基础及专题图件资料

1∶5万比例尺地形图、行政区划图、土地利用现状图、地貌图和土壤图等。

(二) 资料的处理

获取的评价资料可以分为定量和定性资料两大部分，为了采用定量化的评价方法和自动化的评价手段，减少人为因素的影响，需要对其中的定性因素进行定量化处理，根据因素的级别状况赋予其相应的分值或数值。除此，对于各类养分等按调查点获取的数据，则需要进行插值处理，生成各类养分图。

1. 定性因素的量化处理

土壤表层质地：考虑不同质地类型的土壤肥力特征，以及与植物生长发育的关系，赋予不同质地类别以相应的分值（表5-1）。

表5-1　土壤表层质地的量化处理

质地类别	中壤	轻壤	重壤	沙壤	沙土
分值	100	95	80	70	55

土体构型：首先以土层质地类别和其在土体中的部位对各类土体构型进行归纳，根据不同的土体构型对植物生长发育的影响，赋予不同土体构型以相应的分值，如表5-2所示。

表5-2　土体构型的量化处理

土体构型	壤均质	壤质黏心	黏质壤心	沙质壤心	黏均质	沙质黏心	壤质沙心	沙均质
分值	100	90	87	80	77	70	65	58

地貌类型：根据不同的地貌类型对耕地地力及作物生长的影响，赋予其相应的分值，如表5-3所示。

表5-3　地貌类型的量化处理

地貌类型	缓平坡地	湖沼平原	岗地	洼地	滨海平地
分值	100	89	80	78	70

矿化度：根据不同的矿化度程度对耕地地力及作物生长的影响，赋予其相应的分值，如表5-4所示。

表5-4　矿化度的量化处理

矿化度	<0.5	0.5~2	2~5	>5
分值	100	90	65	40

盐渍化程度：考虑到牡丹区的土壤分布中存在不同的盐渍化程度，将其盐渍化程度划分为不同的等级，并据其对耕地地力的影响程度进行量化处理，如表5-5所示。

表5-5　土壤盐渍化程度的量化处理

盐渍化	无	轻度	中度	重度	盐土
分值	100	85	70	50	30

2. 各类养分专题图层的生成

对于土壤有机质、氮、磷、钾、锌、硼、钼等养分数据，我们首先按照野外实际调查点进行整理，建立了以各养分为字段，以调查点为记录的数据库。之后，进行了土壤采样样点图与分析数据库的连接，在此基础上插值生成各养分专题图层。

对比了分别在MapGIS和ArcView环境中的插值结果，发现ArcView环境中的插值结果线条更为自然圆滑，符合实际。因此，本研究中所有养分采样点数据均在Arc-View环境下操作，利用其空间分析模块功能对各养分数据进行自动的插值处理，经编辑处理，自动生成各土壤养分专题栅格图层。后续的耕地地力评价也以栅格形式进行，与矢量形式相比，能够将各评价要素信息精确到栅格（像元）水平，保证了评价结果的准确。在ArcView下插值生成的牡丹区土壤有机质、碱解氮含量分布栅格图，如图5-2和图5-3所示。

五、基础数据库的建立

（一）基础属性数据库的建立

为更好地对数据进行管理和为后续工作提供方便，将采样点基本情况信息、农业生产情况信息、土壤理化性状化验分析数据、土壤污染元素化验分析数据等信息以调查点为基本数据库记录进行属性数据库的建立，作为后续耕地地力评价工作的基础。

图5-2 牡丹区土壤有机质含量栅格　　　　图5-3 牡丹区土壤碱解氮含量栅格

（二）基础专题图图形库的建立

将扫描矢量化及插值等处理生成的各类专题图件，在 ARCVIEW 和 MAPGIS 软件的支持下，分别以栅格形式和点、线、区文件的形式进行存储和管理，同时将所有图件统一转换到相同的地理坐标系统下，以进行图件的叠加等空间操作，各专题图图斑属性信息通过键盘交互式输入或通过与属性库挂接读取，构成基本专题图图形数据库。图形库与基础属性库之间通过调查点相互连接。

六、评价单元的划分

评价单元是由对土地质量具有关键影响的各土地要素组成的空间实体，是土地评价的最基本单位、对象和基础图斑。同一评价单元内的土地自然基本条件、土地的个体属性和经济属性基本一致，不同土地评价单元之间，既有差异性，又有可比性。耕地地力评价就是要通过对每个评价单元的评价，确定其地力级别，把评价结果落实到实地和编绘的土地资源图上。因此，土地评价单元划分的合理与否，直接关系到土地评价的结果以及工作量的大小。

目前，对土地评价单元的划分尚无统一的方法，有土壤类型、土地利用类型、行政区划单位、方里网等多种方法。本次牡丹区耕地地力评价土地评价单元的划分采用土壤图、土地利用现状图的叠置划分法，相同土壤单元及土地利用现状类型的地块组成一个评价单元，即"土地利用现状类型-土壤类型"的格式。其中，土壤类型划分到土种，土地利用现状类型划分到二级利用类型，制图区界以牡丹区最新土地利用现状图为准。为了保证土地利用现状的现势性，基于野外的实地调查对耕地利用现状进行了修正。同一评价单元内的土壤类型相同，利用方式相同，交通、水利、经营管理方式等基本一致，用这种方法划分评价单元既可以反映单元之间的空间差异性，既使土地利用类型有了土壤基本性质的均一性，又使土壤类型有了确定的地域边界线，使评价结果更具综合性、客观性，可以较容易地将评价结果落实到实地。

通过图件的叠置和检索，将牡丹区耕地地力划分为 4 163个评价单元。

七、评价信息的提取

影响耕地地力的因子非常多，并且它们在计算机中的存贮方式也不相同，因此，如何准确地获取各评价单元评价信息是评价中的重要一环，鉴于此，我们舍弃直接从键盘输入参评因子值的传统方式，采取将评价单元与各专题图件叠加采集各参评因素的信息。具体的做法如下：①按唯一标识原则为评价单元编号；②在 ARCVIEW 环境下生成评价信息空间库和属性数据库；③在 ARCMAP 环境下从图形库中调出各化学性状评价因子的专题图，与评价单元图进行叠加计算出各因子的均值；④保持评价单元几何形状不变，在耕地资源管理信息系统中直接对叠加后形成的图形的属性库进行"属性提取"操作，以评价单元为基本统计单位，按面积加权平均汇总评价单元立地条件评价因子的分值。

由此，得到图形与属性相连的，以评价单元为基本单位的评价信息，为后续耕地地力的评价奠定了基础。

第二节　参评因素的选取及其权重确定

正确地进行参评因素的选取并确定其权重，是科学地评价耕地地力的前提，直接关系到评价结果的正确性、科学性和社会可接受性。

一、参评因素的选取

参评因素是指参与评定耕地地力等级的耕地的诸属性。影响耕地地力的因素很多，在本次牡丹区耕地地力评价中根据牡丹区的区域特点遵循主导因素原则、差异性原则、稳定性原则、敏感性原则，采用定量和定性方法结合，进行了参评因素的选取。

（一）系统聚类方法

系统聚类方法用于筛选影响耕地地力的理化性质等定量指标，通过聚类将类似的指标进行归并，辅助选取相对独立的主导因子。我们利用 SPSS 统计软件进行了土壤养分等化学性状的系统聚类，结果如下。

从图 5-4 中可以看出氯离子、全盐、硝态氮、全氮、交换性钙、有效硅、交换性镁、有效硼、有效钼、有效铁、有效锰、有效锌、有效铜、有效硫聚为一组，有效磷、速效钾、碱解氮、缓效钾聚为一组，有机质为一组，pH 值为一组。

（二）DELPHI 法

用 DELPHI 法进行了影响耕地地力的立地条件、物理性状等定性指标的筛选。我们确定了由土壤农业化学学者、专家及牡丹区土肥站业务人员组成的专家组，首先对指标进行分类，在此基础上进行指标的选取，并讨论确定最终的选择方案。

综合以上 2 种方法，在定量因素中根据各因素对耕地地力影响的稳定性，以及营养元素的全面性，在聚类分析第一组中选取有效磷、有效锌为参评因素，第二组中选取有效硼为参评因素，第三组是速效钾，第四组是有机质。结合专家组选择结果，最后确定灌溉保证率、矿化度、地貌类型、耕层质地、土体构型、盐渍化程度、有机质、大量元素（速效钾、有效磷）、微量元素（有效锌、有效硼）等 11 项因素作为耕地地力评价的参评指标。

二、权重的确定

在耕地地力评价中，需要根据各参评因素对耕地地力的贡献确定权重，确定权重

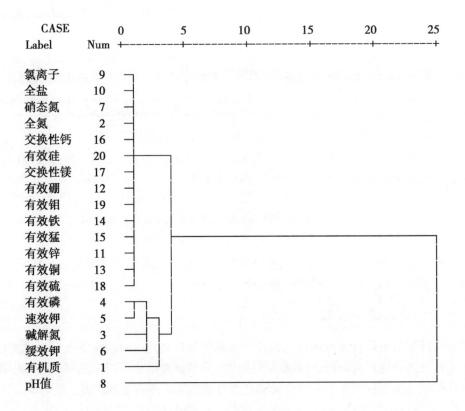

图 5-4 系统聚类方法

的方法很多，本评价中采用层次分析法（AHP）来确定各参评因素的权重。

层次分析法（AHP）是在定性方法基础上发展起来的定量确定参评因素权重的一种系统分析方法，这种方法可将人们的经验思维数量化，用以检验决策者判断的一致性，有利于实现定量化评价。AHP法确定参评因素的步骤如下。

1. 建立层次结构

耕地地力为目标层（G层），影响耕地地力的立地条件、物理性状、化学性状为准则层（C层），再把影响准则层中各元素的项目作为指标层（A层），其结构关系如图5-5所示。

2. 构造判断矩阵

根据专家经验，确定C层对G层以及A层对C层的相对重要程度，共构成A、C1、C2、C3共4个判断矩阵。例如，耕层质地、土体构型、盐渍化程度对耕地物理性状的判断矩阵表示为：

$$C_2 = \begin{bmatrix} a_{11} & a_{12} & a_{13} \\ a_{21} & a_{22} & a_{23} \\ a_{31} & a_{32} & a_{33} \end{bmatrix} = \begin{bmatrix} 1 & 5 & 3 \\ 0.20 & 1 & 0.33 \\ 0.33 & 3 & 1 \end{bmatrix}$$

其中，a_{ij}（I为矩阵的行号，J为矩阵的列号）表示对C_2而言，a_i对a_j的相对重要性的数值。

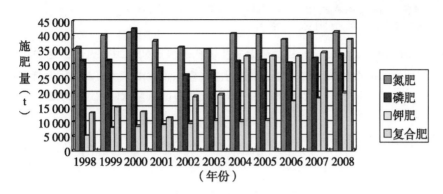

图 5-5 耕地地力影响因素层次结构

3. 层次单排序及一致性检验

求取 A 层对 C 层的权数值，可归结为计算判断矩阵的最大特征根对应的特征向量。利用 SPSS 等统计软件，得到的各权数值及一致性检验的结果如表 5-6 所示。

表 5-6 权数值及一致性检验结果

矩阵	特 征 向 量					CI	CR
矩阵 A		0.3202	0.1226	0.5571		0.009148	0.01577204＜0.1
矩阵 C1		0.6329	0.1058	0.2613		0.020017	0.03451165＜0.1
矩阵 C2		0.6333	0.1061	0.2606		0.019410	0.03346558＜0.1
矩阵 C3	0.5036	0.2307	0.1526	0.0638	0.0492	0.044324	0.03957510＜0.1

从表 5-6 中可以看出，CR＜0.1，具有很好的一致性。

4. 层次总排序及一致性检验

经层次总排序，并进行一致性检验，结果为 CI＝0，CR＝0，具有满意的一致性，最后计算 A 层对 G 层的组合权数值，得到各因子的权重如表 5-7 所示。

表 5-7 各因子的权重

灌溉保证率	0.2027	耕层质地	0.0777	有机质	0.2806	有效锌	0.0355
矿化度	0.0339	土体构型	0.0130	有效磷	0.1286	有效硼	0.0274
地貌类型	0.0836	盐渍化	0.0320	速效钾	0.0850		

第三节 耕地地力等级的确定

土地是一个灰色系统，系统内部各要素之间与耕地的生产能力之间关系十分复杂，此外，评价中也存在着许多不严格、模糊性的概念，因此，我们在评价中引入了模糊数学方法，采用模糊评价方法来进行耕地地力等级的确定。

一、参评因素隶属函数的建立

用 DELPHI 法根据一组分布均匀的实测值评估出对应的一组隶属度，然后在计算机中绘制这两组数值的散点图，再根据散点图进行曲线模拟，寻求参评因素实际值与隶属度关系方程从而建立起隶属函数。各参评因素的分级及其相应的专家赋值和隶属度如表 5-8 所示。

表 5-8　参评因素的分级及其分值

地貌类型	缓平坡地	湖沼平原	岗地	洼地	滨海平地							
分值	100	89	80	78	70							
隶属度	1.00	0.89	0.80	0.78	0.70							
灌溉保证率	80	70	60	50	30	10	0					
分值	100	90	80	65	40	10	0					
隶属度	1.00	0.90	0.80	0.65	0.40	0.10	0.00					
矿化度 g/L	<0.5	0.5~2	2~5	>5								
分值	100	90	65	40								
隶属度	1.00	0.90	0.65	0.40								
有机质	2.0	1.8	1.6	1.4	1.2	1.0	0.8	0.6				
分值	100	98	95	90	84	78	65	50				
隶属度	1.00	0.98	0.95	0.90	0.84	0.78	0.65	0.50				
有效磷	400	300	200	110	80	60	40	30	20	15	10	5
分值	70	80	90	100	98	96	92	90	85	80	60	40
隶属度	0.70	0.80	0.90	1.00	0.98	0.96	0.92	0.90	0.85	0.80	0.60	0.40
速效钾	400	320	240	160	120	100	80	60				
分值	100	98	93	85	82	78	70	50				
隶属度	1.00	0.98	0.93	0.85	0.82	0.78	0.70	0.50				
有效锌	2.0	1.5	1.2	1.0	0.8	0.5	0.3					
分值	100	92	87	85	80	70	55					
隶属度	1.00	0.92	0.87	0.85	0.80	0.70	0.55					
有效硼	1.8	1.5	1.2	1.0	0.8	0.5	0.2					
分值	100	95	87	85	80	70	55					
隶属度	1.00	0.95	0.87	0.85	0.80	0.70	0.55					
耕层质地	中壤	轻壤	重壤	沙壤	沙土							
分值	100	95	80	70	55							
隶属度	1.00	0.95	0.80	0.70	0.55							
土体构型	壤均质	壤质黏心	黏质壤心	沙质壤心	黏均质	沙质黏心	壤质沙心	黏质沙心	沙均质			
分值	100	90	87	80	77	70	65	63	58			
隶属度	1.00	0.90	0.87	0.80	0.77	0.70	0.65	0.63	0.58			
盐渍化	无	轻度	中度	重度	盐土							
分值	100	85	70	50	30							
隶属度	1.00	0.85	0.70	0.50	0.30							

通过模拟共得到正直线型、戒上型、戒下型 3 种类型的隶属函数，其中有机质、速效钾等属于戒上型隶属函数，土体构型、耕层质地、盐渍化、矿化度等属于正直线型隶属函数，然后根据隶属函数计算各参评因素的单因素评价评语。以有机质为例绘制的散点图和模拟曲线如图 5-6、图 5-7 和图 5-8 所示。

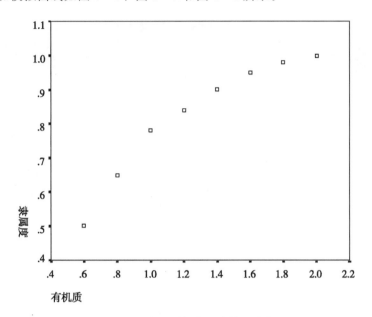

图 5-6　有机质与隶属度关系散点

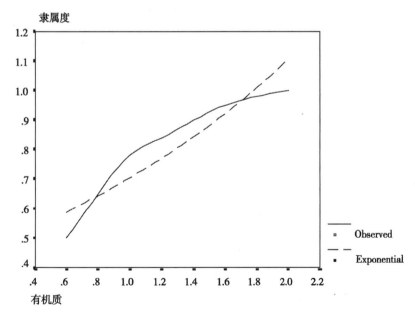

图 5-7　有机质与隶属度关系曲线

其隶属函数为戒上型，形式为：

$$Y=\begin{cases} 0, & x\leqslant xt \\ 1/\ (1+A*\ (x-C)\ **2) & xt<x<c \\ 1, & c\leqslant x \end{cases}$$

各参评因素类型及其隶属函数表 5-9 所示。

表 5-9　参评因素类型及其隶属函数

函数类型		参评因素	隶属函数	a	c	Ut
戒上型		有机质含量（%）	$Y=1/\ (1+A*$ $(x-C)\ \hat{}2)$	0.543	1.822	0.35
戒上型	<110	有效磷	$Y=1/\ (1+A*$	0.0000992	80.159	3
戒下型	>110	（mg/kg）	$(x-C)\ \hat{}2)$	0.00000742	111.967	450
戒上型		速效钾（mg/kg）	$Y=1/\ (1+A*$ $(x-C)\ \hat{}2)$	0.00000760	327.836	15
戒上型		有效锌（mg/kg）	$Y=1/\ (1+A*$ $(x-C)\ \hat{}2)$	0.245	1.924	0.1
戒上型		有效硼（mg/kg）	$Y=1/\ (1+A*$ $(x-C)\ \hat{}2)$	0.251	1.879	0.1
正直线型		灌溉保证率（分值）	$Y=a*x$	0.01	100	0
正直线型		矿化度（分值）	$Y=a*x$	0.01	100	0
正直线型		土体构型（分值）	$Y=a*x$	0.01	100	0
正直线型		耕层质地（分值）	$Y=a*x$	0.01	100	0
正直线型		盐渍化（分值）	$Y=a*x$	0.01	100	0
正直线型		地貌类型（分值）	$Y=a*x$	0.01	100	0

二、耕地地力等级的确定

（一）计算耕地地力综合指数

用指数和法来确定耕地的综合指数，公式为：

$$IFI=\sum Fi\times Ci$$

式中：IFI（Integrated Fertility Index）代表耕地地力综合指数；F＝第 i 个因素评语；Ci＝第 i 个因素的组合权重。

具体操作过程是在县域耕地资源管理信息系统中，在"专题评价"模块中编辑立地条件、物理性状和化学性状的层次分析模型以及各评价因子的隶属函数模型，然后选择"耕地生产潜力评价"功能进行耕地地力综合指数的计算。

（二）确定最佳的耕地地力等级数目

计算耕地地力综合指数之后，在耕地资源管理系统中我们选择累积曲线分级法进行评价，根据曲线斜率的突变点（拐点）来确定等级的数目和划分综合指数的临界点，将牡丹区耕地地力共划分为 6 级，各等级耕地地力综合指数如表 5-10 所示。

表 5 – 10 牡丹区耕地地力等级综合指数

IFI	>0.899	0.868~0.899	0.835~0.868	0.800~0.835	0.758~0.800	<0.758
耕地地力等级	一等	二等	三等	四等	五等	六等

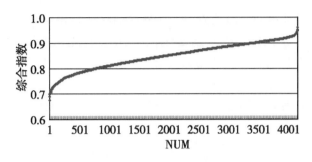

图 5 – 8 牡丹区综合指数分布

三、图件的编制

为了提高制图的效率和准确性，在地理信息系统软件 MAPGIS 的支持下，进行牡丹区耕地地力评价图及相关图件的自动编绘处理，其步骤大致分以下几步：扫描矢量化各基础图件→编辑点、线→点、线校正处理→统一坐标系→区编辑并对其赋属性→根据属性赋颜色→根据属性加注记→图幅整饰输出。此外还充分利用了 ARCVIEW 和 ARCGIS 强大的空间分析功能，将评价图与其他图件进行叠加，从而生成其他专题图件；将评价图与行政区划图叠加，进而计算各行政区划单位内的耕地地力等级面积等。

（一）专题图地理要素底图的编制

专题地图的地理要素内容是专题图的重要组成部分，用于反映专题内容的地理分布，并作为图幅叠加处理等的分析依据。地理要素的选择应与专题内容相协调，考虑图面的负载量和清晰度，应选择基本的、主要的地理要素。

我们以牡丹区最新的土地利用现状图为基础，对此图进行了制图综合处理，选取主要的居民点、交通道路、水系、境界线等及其相应的注记，进而编辑生成 1：5 万各专题图地理要素底图。

（二）耕地地力评价图的编制

以耕地地力评价单元为基础，根据各单元的耕地地力评价等级结果，对相同等级的相临评价单元进行归并处理，得到各耕地地力等级图斑。在此基础上，分 2 个层次进行图面耕地地力等级的表示：一是颜色表示，即赋予不同耕地地力等级以相应的颜色。二是代号，用罗马数字Ⅰ、Ⅱ、Ⅲ、Ⅳ、Ⅴ、Ⅵ表示不同的耕地地力等级，并在评价图相应的耕地地力图斑上注明。将评价专题图与以上的地理要素图复合，整饰得牡丹区 1：50 000 耕地地力评价图（附图 1）。

（三）其他专题图的编制

对于有机质含量、速效钾、有效磷、有效锌等其他专题要素地图，则按照各要素的分级分别赋予相应的颜色，同时标注相应的代号，生成专题图层。之后与地理要素图复合，编辑处理生成专题图件。并进行图幅的整饰处理，得到最终专题图（附图 2 至附图 11）。

四、面积量算

面积的量算可通过与专题图相对应的属性库的操作直接完成。对耕地地力等级面积的量算，则可在 FOXPRO 数据库的支持下，对图件属性库进行操作，检索相同等级的面积，然后汇总得各类耕地地力等级的面积，根据牡丹区图幅理论面积进行平差，得到准确的面积数值。对于不同行政区划单位内部、不同的耕地利用类型等的耕地地力等级面积的统计，则通过耕地地力评价图与相应的专题图进行叠加分析，由其相应属性库统计获得。

第六章　耕地地力分析

耕地地力分析，按照农业部耕地质量调查和评价的规程及相关标准，结合当地实际情况，选取了对耕地地力影响较大，区域内变异明显，在时间序列上具有相对稳定性，与农业生产有密切关系的 11 个因素，建立评价指标体系。以土壤图与土地利用现状图叠加形成评价单元，应用模糊综合评判方法，通过综合分析，将全区耕地共划分为 6 个等级，根据评价结果进行耕地地力的系统分析。

第一节　耕地地力等级与分布

一、耕地地力等级面积统计

利用 MAPGIS 软件，对评价图属性库进行操作，检索统计耕地各等级的面积和图幅总面积。以 2008 年牡丹区耕地总面积为基准，按面积比例进行平差，统计得出各耕地地力等级面积。

牡丹区耕地总面积为 95 433.40hm²，前四等级耕地比例相对均衡，各等级占耕地总面积的比例接近或超过 20％，四者面积之和占到了总耕地面积的 79.93％；五级地，占耕地总面积的 14.54％；六级地面积较少，占总面积的 5.53％，如表 6－1 所示。

表 6－1　牡丹区耕地地力评价结果面积统计

等级	一级地	二级地	三级地	四级地	五级地	六级地
面积（hm²）	17182.78	20938.09	19644.01	18514.08	13872.20	5282.24
产量水平（kg/hm²）	>13 500	12 000～13 500	10 500～12 000	9 000～12 000	7 500～9 000	<7 500
百分比（％）	18.01	21.94	20.58	19.40	14.54	5.53

注：各级耕地对应的产量是折合成小麦、玉米后的产量

二、耕地地力空间分布分析

（一）耕地地力等级分布

牡丹区位于菏泽区中部偏西，属黄河中、下游冲积平原，地势西南高东北低。由于受几千年来黄河数次决口泛滥影响，形成了八大类型地貌，即河滩高地、沙丘高地、决口扇形地、坡地、浅平洼地、蝶形洼地、河槽地、背河槽洼地。耕地面积较大，土

层深厚,土壤大多数为典型潮土和白潮盐土。耕层主要为轻壤质,沙壤质次之,无明显的障碍层次,农田基础设施配套良好,灌排能力较好。总体看,牡丹区耕地地力较好,主要分布在中西部、中北部和南部地区,前三等级面积之和占到了总耕地面积的60.53%。一级地和二级地主要分布于牡丹区中西部和中北部地区,该区农业基础设施配套成型,水利设施配套齐全,黄淮海开发及中低产田改造在这些区域进行得较早,测土配方施肥工程也首先在这一区域展开。三级地和四级地分布主要集中在东部、南部和西北部地区,该区域是牡丹区粮食及结构调整重点区域,在牡丹区的东部特别是沙土、皇镇、安兴的东部及东南部是蔬菜种植区,何楼办事处也是牡丹区种植业结构调整较早的区域,但有机肥投入不足,水利设施有待改善,属于只要加大资金投入,完善基础设施,改善生产条件,产量就能大幅提高的中产田类型,有一定的改良利用潜力。五级地和六级地主要分布在牡丹区的西北角、西南角和东北部地区,这部分耕地耕层以沙壤和沙土为主,肥力较低,灌溉条件较差,属于低产田类型。该区域是粮食种植较集中的区域,由于这些区域是牡丹区木材加工较集中的区域,农民外出打工的多,对土地的重视程度不够,再加上这些区域是沙壤和沙土地,粮食产量较低,年粮食作物(小麦—玉米)平均单产 11 250kg/hm² 左右。

(二)耕地地力等级的行政区域划分

将耕地地力等级分布图与牡丹区行政区划图进行叠加分析,从耕地地力等级行政区域分布数据库中,按权属字段检索出各等级的记录,统计出1~6级地在各乡镇的分布状况。如表6-2所示。

从表6-2中看出,一、二级高等地力耕地所占比例较高的乡镇为吕岭镇、吴店镇、万福办事处、黄堽镇、都司镇、安兴镇、牡丹办事处和何楼办事处等乡镇;三、四级地中等地力耕地所占比例较高的乡镇为高庄镇、马岭岗镇、大黄集镇、佃户屯办事处、岳楼办事处、皇镇乡、沙土镇等乡镇;五、六级较低等级地力耕地所占比例较高的乡镇主要为李村镇、小留镇、沙土镇和胡集乡等乡镇。

表6-2 牡丹区耕地地力等级行政区域分布

乡镇	单位	一级地	二级地	三级地	四级地	五级地	六级地	合计
李村镇	面积(hm²)	85.7	135.18	552.71	2 603.57	3 479.19	594.18	7 450.53
	百分比(%)	1.15	1.81	7.42	34.94	46.7	7.98	100
高庄镇	面积(hm²)	0	215.01	2 172.79	2 865.68	932.74	131.66	6 317.88
	百分比(%)	0	3.4	34.39	45.36	14.76	2.08	100
小留镇	面积(hm²)	712.27	653.27	404.6	766.67	876.14	1 202.47	4 615.42
	百分比(%)	15.43	14.15	8.77	16.61	18.98	26.05	100
胡集乡	面积(hm²)	139.17	355.47	522.9	424.24	1 201.4	974.76	3 617.93
	百分比(%)	3.85	9.83	14.45	11.73	33.21	26.94	100

（续表）

乡镇	单位	一级地	二级地	三级地	四级地	五级地	六级地	合计
沙土镇	面积（hm²）	243.74	972.22	2 038.4	2 878.33	2 846.37	1 135.06	10 114.12
	百分比（%）	2.41	9.61	20.15	28.46	28.14	11.22	100
安兴镇	面积（hm²）	184.47	1 208.25	1 276.25	435.81	69.59	0	3 174.37
	百分比（%）	5.81	38.06	40.2	13.73	2.19	0	100
黄堽镇	面积（hm²）	4 352.53	1614.34	156.2	0	0	0	6 123.06
	百分比（%）	71.08	26.36	2.55	0	0	0	100
都司镇	面积（hm²）	956.47	1 228.34	402.08	158.54	0	0	2 745.42
	百分比（%）	34.84	44.74	14.65	5.77	0	0	100
吴店镇	面积（hm²）	2 247.94	1 347.95	76.5	329.51	20.17	0	4 022.07
	百分比（%）	55.89	33.51	1.9	8.19	0.5	0	100
吕岭镇	面积（hm²）	3 030.21	2 535.1	412.08	8	0	0	5 985.38
	百分比（%）	50.63	42.35	6.88	0.13	0	0	100
牡丹办事处	面积（hm²）	1 138.42	1 372.19	372.45	284.72	396.98	30.59	3 595.35
	百分比（%）	31.66	38.17	10.36	7.92	11.04	0.85	100
万福办事处	面积（hm²）	1 211.67	1 259.22	51.84	0	0	0	2 522.72
	百分比（%）	48.03	49.92	2.05	0	0	0	100
皇镇乡	面积（hm²）	19.8	424.96	813.58	714.94	903.15	6.97	2 883.4
	百分比（%）	0.69	14.74	28.22	24.8	31.32	0.24	100
马岭岗镇	面积（hm²）	817.3	2 629.36	3811.63	1 221.01	420.52	59.66	8 959.48
	百分比（%）	9.12	29.35	42.54	13.63	4.69	0.67	100
何楼办事处	面积（hm²）	1 108	1 729.45	1 931.28	1 091.33	67.43	0	5 927.5
	百分比（%）	18.69	29.18	32.58	18.41	1.14	0	100
王浩屯镇	面积（hm²）	381.04	1 504.06	1 217.59	1 277.65	584.89	967.19	5 932.43
	百分比（%）	6.42	25.35	20.52	21.54	9.86	16.3	100
大黄集镇	面积（hm²）	0	69.48	271.59	1 775.82	1 314.9	148.94	3 580.73
	百分比（%）	0	1.94	7.58	49.59	36.72	4.16	100

第二节 耕地地力等级分述

一、一级地

（一）面积与分布

一级地综合评级指数＞0.90，耕地面积17 182.78hm²，占总耕地面积的18.01%。其中，水浇地17 135.17hm²，占一级地面积99.72%；菜地47.91hm²，占一级地面积的0.28%。如表6-3所示。

一级地主要分布于黄堽镇、吴店镇、吕岭镇、万福办事处,其中,以黄堽镇分布面积最大,为 4 352.53hm²,占该镇耕地面积的 73.47%,占一级地的 71.08%。此外,都司镇、安兴镇、牡丹办事处、何楼办事处和王浩屯镇等乡镇也有少量或零星分布。

表 6-3　一级地各土地利用类型面积

利用类型	评价单元(个)	面积(hm²)	占总耕地面积(%)	占一级地面积(%)
水浇地	761	17 135.17	17.96	98.72
菜地	4	47.91	0.05	0.28
合计	765	17 183.13	18.01	100

(二)主要属性分析

一级地土壤类型以潮土和潮壤土为主,兼有少量潮黏土。土壤表层质地为轻壤、中壤和重壤,土体构型以壤质沙心、壤质黏腰为主,无明显障碍层次。微地貌以浅平洼地、坡地为主,土层深厚,土壤理化性状良好,基本无盐渍化现象,可耕性强。地下水矿化度为 0.5~2g/L 的弱矿化度水,农田水利设施较为完善,灌排条件好,灌溉保证率达到 100%。土壤养分除速效钾含量中偏下外,其他含量相对较高,如表 6-4 所示。

表 6-4　一级地主要养分含量

项目	有机质(%)	有效磷(mg/kg)	速效钾(mg/kg)	有效锌(mg/kg)	有效硼(mg/kg)
平均值	1.60	23.5	139.16	1.30	0.89
范围值	1.16~2.63	8.19~69.16	46.41~427.68	0.31~4.59	0.26~1.48
含量水平	中偏上	中等	中偏下	中偏上	中等

从表 6-4 可以看出,牡丹区的一级地虽然产量达到了 13 500kg/hm² 以上水平,但耕地养分主要指标仍不高,部分养分水平仍处于中等水平。土壤有机质含量处于中等偏上水平,这与该区一级地大多是粮菜间作,种植蔬菜时有机肥施用量大有直接关系。有效磷含量中等,速效钾含量中等偏下,这种现状与近年来一些不正确的宣传有关,一些肥料经销商为了降低肥料成本,故意减少复合肥中磷、钾的含量,宣传多年来施磷肥,土壤中磷不缺,我们这种潮土不缺钾,通过明目张胆的虚假宣传,来以低价位销售劣质复合肥料。另外,由于农民在种植蔬菜时施肥了较多的磷、钾肥,在种植粮食作物时也不重视磷、钾肥的施用,减少磷的施肥量,不施钾肥。这也是造成这级耕地磷钾养分含量不高的原因之一。

(三)存在问题

一级地存在问题:一是该地区属全区经济较好地区,人们的经济观念较强,收入的主要来源不是第一产业,而是第二、第三产业。多年来人们注重第二、第三产业,农业投入比例低于第二、第三产业投入;另外,由于种植业的投入产出比低于第二、第三产业，农民对第一产业的重视程度越来越低。再加上农业是一种相对于第二、第三产业而言是体力劳动较强的产业，一些年轻的农村劳动力外出打工，不愿从事第一产业，使得第一产业在农村家庭经济收入中的比重逐年降低，这样使得第一产业在农业中的比重逐步削弱。二是土壤肥力与高产高效农业的需求还有一定差距。通过土壤养分分析已经看出了这点。虽然牡丹区的一级地土壤养分水平高于其他等级的耕地养分含量，但与高效农业对耕地的要求来比，差距还是较大，如果要进一步提高农业的种植效益，必须加大对土地的投入，合理使用化肥，培肥地力。三是施肥、用药种类与比例不合理，速效钾含量相对低。农民重施氮肥的习惯仍然存在，盲目相信一些所谓的技术宣传导致施肥不科学的现象依然存在。施肥比例不合理、施肥方式不科学的现象依然存在。如种菜时施用了较多的磷肥、下茬作物就不施磷肥。为了省力、省事，肥料大量采用冲施的方法施肥，造成肥料流失严重。在农药使用上，超量施用农药现象严重，部分农户在粮食作物病虫害防治上仍有使用剧毒农药现象。四是灌溉农田时存在大水漫灌现象，造成水资源的浪费以及土壤盐化现象的发生。牡丹区一级等农田所在区域都处于水资源较丰富的地方，水利设施较好，引水较便利，农民大水漫灌现象较严重，近两年管道输水技术在大面积推广，节水模式仍处于探索当中。五是该地区经济发达，工矿企业多，点源污染程度有所加重，影响耕地的质量和农产品的品质。牡丹区工业经济的一大特点是医药化工企业较多，这些企业大多处于牡丹区一级地所在区域，由于排污设施不完善，存在着对耕地污染的潜在危险，长期下去，会影响农产品品质及人民的身体健康。

（四）改良利用

一级地是全区综合性能最好的耕地，各项评价指标均属良好型。土层厚，排灌性好，易于耕作，养分含量高，保肥、保水性好，适于各种作物生长。这一区域既是牡丹区的高产粮田又是牡丹区高效作物种植区。根据这一区域土壤养分及水利设施、农民科技水平的实际，下一步利用方向是发展高产、优质、高效农业，如配合粮食深加工建成优质粮食高产基地，发展无公害蔬菜基地特别是目前在国内有一定影响的薄皮甜瓜生产基地；加快日光温室建设步伐，以反季节瓜果栽培为主来满足本地居民的需求等。为此，应搞好以下工作，农业部门应结合粮食高产创建、配方施肥等工程，加大宣传培训力度，促使农民转变施肥用药的传统观念，提高认识，进一步加大农业投入，提升农业综合生产能力；增施有机肥，增加土壤有机质含量，实施平衡施肥，加大工业企业的治污力度，防止土壤污染，合理施用磷肥，适量补施钾肥，针对特定作物补充部分微肥，提高耕地质量；加大检测力度，确保农业灌溉、施肥、用药安全，搞好无公害生产。

二、二级地

（一）面积与分布

二级地综合评价指数为 $0.87 \sim 0.90$，耕地面积 20 938.09hm²，占全区总耕地面积 21.94%，二级地占全区耕地面积最大。其中，水浇地 20 894.86hm²，占二级耕地面积

99.79%，还有少量菜地，面积是 43.42hm²，仅占二级耕地的 0.21%。如表 6-5 所示。

二级耕地主要分布在吕岭镇、都司镇、万福办事处、牡丹办事处北部、吴店镇东部、王浩屯镇南部、安兴镇、马岭岗镇、何楼办事处零散分布，其中，以马岭岗镇和何楼办事处分布面积较大，此外沙土镇、皇镇乡、黄堽镇、小留镇等乡镇也有少量或零星分布。

表 6-5　二级地各土地利用类型面积

利用类型	评价单元（个）	面积（hm²）	占总耕地面积（%）	占二级地面积（%）
水浇地	965	20 894.86	21.89	99.79
菜地	3	43.42	0.05	0.21
总计	968	20 938.28	21.94	100

（二）主要属性分析

二级地土壤类型以潮土和潮壤土为主，兼有少量潮黏土。土壤表层质地为轻壤和中壤，少量沙壤和中壤。土体构型以壤均质、壤质沙腰、壤质黏心为主，部分地区为含沙土体构型或沙均质。微地貌以洼地、河滩高地和坡地为主，含有少量槽平洼地和沙质河槽地。土层深厚，土壤理化性状良好，基本无盐渍化现象，可耕性强。地下水矿化度大部分为 0.5～2g/L 的弱矿化度水，农田水利设施较为完善，灌排条件较好，灌溉保证率 75% 以上。土壤养分均比较理想，如表 6-6 所示。

表 6-6　二级地主要养分含量

项目	有机质（%）	有效磷（mg/kg）	速效钾（mg/kg）	有效锌（mg/kg）	有效硼（mg/kg）
平均值	1.47	21.64	115.16	1.18	0.83
范围值	1.02～2.41	7.72～59.01	31.36～359.92	0.23～4.88	0.27～1.49
含量水平	中偏上	中等	中等	中等	中偏上

（三）存在问题

二级地主要存在问题是由于黄河冲积的原因，部分耕地环境质量欠佳，部分地区土体构型夹沙或沙均质，存在漏水漏肥情况。皇镇乡部分地区地下水矿化度偏高，有盐碱化威胁，土壤养分有待提高。

（四）改良利用

通过秸秆还田、增施有机肥料，改土、深翻等措施一方面可以培肥地力，另一方面可以改善土壤中偏沙的状况，改良土体构型，提高耕地保水保肥能力，改良土壤质地；通过农业综合开发、中低产田改造、兴修农田水利等农田基础建设工程，改善农田灌溉条件，在灌溉时尽量采用地表水、不利用矿化度较大的地下水灌溉农田，采用地下水时尽量采用深水井的水。农田灌溉时推广使用管道输水方式，杜绝大水漫灌等不科学的灌溉方式；推广配方施肥技术，在大力推广小麦、玉米秸秆还田的同时，合理使用氮肥、磷肥，适当增施钾肥，补施微肥，培肥地力。

三、三级地

（一）面积与分布

三级地综合评价指数为 0.83～0.87，耕地面积 19 644.01m²，占全区总耕地面积的 20.58%，是全区除二级地外耕地面积最大的一个等级。其中，水浇地 19 617.64hm²，占三级地面积的 99.87%；菜地 25.96hm²，占三级地的 0.13%。如表 6-7 所示。

三级耕地主要分布在高庄镇、安兴镇、马岭岗镇、何楼办事处、王浩屯镇、皇镇乡等乡镇，其中，以马岭岗镇所占面积最大，为 3 811.63hm²，占全镇耕地的 42.54%，占三级地面积的 19.40%。沙土镇、小留镇和大黄集镇等乡镇少量或零星分布。

表 6-7　三级地各土地利用类型面积

利用类型	评价单元（个）	面积（hm²）	占总耕地面积（%）	占三级地面积（%）
水浇地	867	19617.64	20.56	99.87
菜地	2	25.96	0.03	0.13
总计	869	19643.59	20.59	100

（二）主要属性分析

三级地土壤主要为典型潮土和潮壤土，含有少量草甸盐土和潮壤土。耕层质地以轻壤、中壤和沙壤为主。土体构型主要为壤均质、沙均质、壤质黏腰、壤质黏心。微地貌类型以河滩高地、坡地、浅平洼地为主。土壤理化性质较好，农田基础设施良好，灌排能力较好，灌溉保证率在 50% 以上。地下水矿化度大多数在 0.5～2g/L，部分地区有轻度和中度盐渍化现象。土壤养分含量中等。如表 6-8 所示。

表 6-8　三级地主要养分含量

项目	有机质（%）	有效磷（mg/kg）	速效钾（mg/kg）	有效锌（mg/kg）	有效硼（mg/kg）
平均值	1.38	22.47	120.11	1.28	0.78
范围值	0.92～2.50	7.74～64.60	27.48～358.42	0.22～5.38	0.26～1.61
含量水平	中等	中等	中等	中偏上	中等

（三）存在问题

三级地部分耕地质地为沙壤，容易造成养分的流失，同时少部分耕地土壤偏黏，透水透气性差，不利于作物的生长。南部乡镇地下水矿化度偏高，存有轻度和中度盐碱化现象，影响作物的正常生长。

（四）改良利用

增施有机肥料，一方面可以培肥地力，另一方面可以改善土壤中偏沙的状况，改良土体构型；合理耕作与灌溉，逐步消除土壤盐渍化，保障作物的正常生长；增施复合肥和硼肥。

四、四级地

（一）面积与分布

四级地综合评价指数为 0.80～0.83，耕地面积 18 514.08hm²，占全区总耕地面积的 19.40%。其中水浇地 17 751.65hm²，占四级地面积的 95.88%；旱地 508.50hm²，仅占四级地面积的 2.75%，菜地 253.59hm²，仅占四级地面积的 1.37%。如表 6-9 所示。

四级地主要分布在李村镇、高庄镇、沙土镇、黄镇乡，岳楼办事处个大黄集镇，其中，以高庄镇和沙土镇分布面积最大，分别为 2 865.68hm² 和 2 878.33hm²，共占四级地面积的 31.03%。王浩屯镇、何楼办事处、牡丹办事处、安兴镇小留镇等乡镇有少量或零星分布。

表 6-9　四级地各土地利用类型面积

利用类型	评价单元 （个）	面积 （hm²）	占总耕地面积 （%）	占四级地面积 （%）
水浇地	744	17 751.65	18.60	95.88
旱地	23	508.50	0.53	2.75
菜地	11	253.59	0.27	1.37
总计	778	18 513.75	19.40	100

（二）主要属性分析

四级地土壤以有氯化物潮土、和潮壤土为主，还有少量草甸盐土，表层质地有轻壤、沙壤和沙土。土体构型主要有壤质沙心、壤质黏心、壤质黏腰、沙均质、壤质沙腰，土体构型中存有夹沙层次。微地貌类型以为坡地和浅平洼地为主。部分土壤中明显存在盐渍化现象，地下水矿化度主要是 0.5～2g/L，并有部分 2～5g/L 的中矿化度水。农田基础设施较好，灌排能力良好，灌溉保证率在 50% 以上。土壤养分含量相对较为理想，与三级地养分含量相差不大。如表 6-10 所示。

表 6-10　四级地主要养分含量

项目	有机质 （%）	有效磷 （mg/kg）	速效钾 （mg/kg）	有效锌 （mg/kg）	有效硼 （mg/kg）
平均值	1.36	23.17	123.89	1.13	0.74
范围值	0.79～2.17	8.44～54.57	31.53～444.90	0.22～3.70	0.25～1.41
含量水平	中等	中等	中偏上	中等	中等

（三）存在问题

该级地土体构型中有较多的壤质沙心和沙均质，对土壤保水保肥有一定影响，同时还有少量的壤质黏腰或壤质黏心，土壤通透性较差，对作物生长不利。部分地区土壤盐化较为明显，影响作物的生长；灌溉保证率有待提高；土壤养分含量基本处于全区平均含量水平。

（四）改良利用

增施有机肥，深耕土壤，从而改良土壤表层质地和土体构型，提高土壤的物理化学性能；利用弱度矿化水、淡水资源，采用管灌等方式合理灌溉，避免大水漫灌，加剧土壤盐渍化的程度；加强农田基础设施的完善和维护管理，提高灌溉保证率；增施或补施磷肥、磷肥、微肥，进一步提高作物产量。

五、五级地

（一）面积与分布

五级地综合评价指数为 $0.76\sim0.80$，耕地面积 13 872.08hm²，占全区总耕地面积的 14.54%，其中，水浇地 13 348.52hm²，占该级面积的 96.23%；旱地 383.35hm²，仅占该级面积的 2.76%；菜地 140.20hm²，仅占该级面积的 1.01%。如表 6-11 所示。

五级地主要分布在李村镇、高庄镇西北部、小留镇中部、胡集乡、沙土镇、皇镇乡东部、大黄集镇西部等乡镇，其中，李村镇分布面积最大，为 3 479.19hm²，占该镇耕地面积的 46.70%，占五级地面积的 25.08%。丹阳办事处、牡丹办事处以及王浩屯镇等乡镇有少量或零星分布。

表 6-11　五级地各土地利用类型面积

利用类型	评价单元（个）	面积（hm²）	占总耕地面积（%）	占五级地面积（%）
水浇地	538	13 348.52	13.99	96.23
旱地	22	383.35	0.4	2.76
菜地	8	140.20	0.15	1.01
总计	568	13 872.08	14.54	100

（二）主要属性分析

五级地土壤类型主要为氯化物潮土和潮壤土，少量草甸盐土和潮黏土。土壤表层质地以轻壤和沙壤为主，还有少量黏土、中壤和重壤。土体构型主要为壤质沙心、壤质沙腰、壤均质、沙均质、壤质黏心、壤质黏腰，土壤中存在明显的夹沙层次。微地貌类型以浅平洼地、碟形洼地、坡地和决口扇地形为主。灌溉保证率在 50% 左右。地下水矿化度主要为 $0.5\sim2g/L$ 的弱度矿化水，同时有部分大于 $2g/L$ 的中度矿化水，部分地区土壤存在不同程度的盐碱化现象。土壤养分含量整体偏低。如表 6-12 所示。

表 6 - 12 五级地主要养分含量

项目	有机质（%）	有效磷（mg/kg）	速效钾（mg/kg）	有效锌（mg/kg）	有效硼（mg/kg）
平均值	1.18	21.35	112.7	1.02	0.75
范围值	0.69～1.78	6.53～71.71	37.52～318.11	0.21～2.21	0.28～1.50
含量水平	中偏下	中偏下	中偏下	中偏下	中等

（三）存在主要问题

五级地存在问题：一是土壤构型中存在夹沙层次或沙均质，理化性状不良，土壤保水保肥能力差，影响作物生长；二是土壤盐渍化较为明显，地下水矿化度较高；三是灌溉保证率较低，需要进一步提高；四是土壤养分含量整体偏低，对作物产量影响较大。

（四）改良利用

改良利用中应多施用有机肥，搞好过腹还田，提高土壤肥力；搞好农田基本建设，改善灌溉条件，提高灌溉保证率；在作物生长期增施各种主要养分，促进作物的稳产和增产；调整种植业结构，种植绿肥等，改善生态环境。

六、六级地

（一）面积与分布

六级地综合评价指数<0.76，仅为 5 282.24hm²，占总耕地面积的 5.54%。其中，水浇地 5 135.41hm²，占该级面积的 97.21%；旱地 30.89hm²，仅占该级面积的0.58%；菜地 116.28hm²，仅占该级面积的 2.20%。如表 6 - 13 所示。

六级地分布较为零散，主要分布在小留镇的北部、胡集乡北部、沙土镇东南部、王浩屯镇西南部，此外，李村镇也有少量分布。

表 6 - 13 六级地各土地利用类型面积

利用类型	评价单元（个）	面积（hm²）	占总耕地面积（%）	占六级地面积（%）
水浇地	204	5 135.41	5.38	97.21
旱地	2	30.89	0.03	0.58
菜地	9	116.28	0.12	2.20
总计	215	5 282.58	5.53	100

（二）主要属性分析

六级地土壤类型主要是潮土和潮沙土，兼有少量盐土和潮壤土。土壤表层质地有轻壤、中壤、重壤沙土和沙壤。土体构型主要为沙均质、壤质沙腰和壤质黏腰，还有少量壤质黏心。微地貌类型有河槽洼坡地、碟形洼地、决口扇地形。地下水矿化度以0.5～2g/L 弱矿化度水为主，除少部分存在轻度和中度盐碱化外，土壤盐碱化现象不明显。灌溉保证率在 50% 以下。土壤养分中整体较低。如表 6 - 14 所示。

表 6 - 14　六级地主要养分含量

项目	有机质（%）	有效磷（mg/kg）	速效钾（mg/kg）	有效锌（mg/kg）	有效硼（mg/kg）
平均值	0.92	21.01	95.05	0.84	0.68
范围值	0.56~1.30	5.30~57.26	41.63~201.42	0.14~2.18	0.31~1.24
含量水平	中偏下	中偏下	中偏下	中偏下	中偏下

（三）存在的主要问题

六级地存在的主要问题：一是土壤以沙壤或沙土为主，保水保肥能力较差，影响作物生长；二是农田的灌溉水平较低，部分无灌溉条件，难以满足大田作物生长的需要；三是地下水位较高，土壤存在盐碱化威胁；四是土壤养分普遍较低，制约作物的生长和发育。

（四）改良利用

多施用有机肥，培肥地力，改善土壤的理化性质；加强对农田基础设施的完善和维护，提高灌溉保证率；利用地下水资源合理灌溉，避免盐分在土壤表层的大量积累，加剧土壤盐渍化；增施无机和有机肥料，改善土壤贫瘠的状况。

第二篇 耕地资源管理

第七章 耕地资源合理利用与改良

第一节 耕地资源利用与改良的现状和特征

牡丹区耕地总面积为 95 433.4hm²，耕地地类构成以水浇地为主，面积为 92 656.8hm²，占耕地总面积的 97.09%；旱地面积为 1 626.4hm²，占 1.70%。地处黄河平原，成土母质为黄河冲积物，土壤形成系黄河多次决口泛滥携带大量泥沙沉积而成，加之人类长期耕种、管理使土壤逐步向有利于生产的方向发展。根据全国第二次土壤普查的土壤分类系统，牡丹区土壤共分为 2 个土类，4 个亚类，5 个土属，107 个土种。

牡丹区属温带大陆性季节气候，牡丹区境内水资源总量 30 621.7万 m³。其中地表水 8 316.3万 m³，地下水 22 305.4万 m³。可利用水资源总量 43 379.7万 m³，其中地表水资源可利用量 2 231.9万 m³，地下水可利用量 15 613.8万 m³，客水（黄河水）25 534万 m³。

地表水资源来源于大气降水，控制降水径流主要靠河道节制闸拦蓄和坑塘滞蓄。境内共有河道节制闸 28 座，一次拦蓄降水径流量 1 372.3万 m³，可利用量 960.7 万 m³。黄河流经西北边境，长 14.9km，多年平均径流量 362 亿 m³。1991—2005 年，农田灌溉年均引用黄河水 21 424万 m³，东明区谢寨引黄闸向牡丹区年均供水 4 110万 m³。

牡丹区是农业大区，种植作物以小麦、玉米、棉花、蔬菜为主，种植制度以一年两熟为主，典型的种植制度是小麦—玉米，小麦—棉花。近年来由于国家加大了对"三农"的政策扶持力度和资金投入，提高了农民的生产积极性，使耕地利用情况日趋合理。主要表现在以下几个方面：一是耕地产出率高，2008 年全区粮食总产达到 60.92 万 t，夏粮总产达到 37.6 万 t，棉花总产 1.24 万 t，瓜菜总产量 76.87 万 t，水果总产量达 37.37 万 t。二是耕地利用率高，随着新科技、新品种的不断推广，间作套种等耕作方式的合理利用，蔬菜大棚生产的快速发展，耕地复种指数不断提高。2008 年，农作物总播种面积 237.2 万 hm²（统计资料），复种指数 198.5%。三是产业结构日趋合理，粮、经作物比例达到 6∶4。四是基础设施进一步完善，全区机井保有量达

11 662眼，有效灌溉面积93.15万hm²，旱涝保收面积62.68万hm²。牡丹区耕地中二水区为17 702.3hm²，占总耕地总面积的18.55%；三水区为53 891.24hm²，占总耕地总面积的56.47%；四水区为23 840.1hm²，占总耕地总面积的24.98%；全区没有浇不上水的耕地。

第二节　耕地改良利用分区

耕地是农业生产和农业可持续发展的重要基础。耕地维持着作物生产力、影响着环境的质量和动物、植物甚至人类的健康。自1979—1985年第二次土壤普查以来，随着农村经营体制、耕作制度、作物品种、种植结构、产量水平和肥料使用等方面的显著变化，耕地利用状况也发生了明显改变。近年来，虽然对部分耕地实施了地力监测，但至今对区域中低产耕地状况及其障碍因素等缺乏系统性、实用性的调查分析，使耕地利用与改良难以适应新形势农业生产发展的要求。因此，开展区域耕地地力调查评价，摸清区域中低产耕地状况及其障碍因素，有的放矢地开展中低产耕地的科学改良利用，挖掘区域耕地的生产潜力，对于牡丹区耕地资源的可持续利用具有十分重要的意义。

一、耕地改良利用分区原则与分区系统

（一）耕地改良利用分区的原则

耕地改良利用区划的基本原则是从耕地自然条件出发，主导性、综合性、实用性和可操作性相结合。按照因地制宜、因土适用、合理利用和配置耕地资源，充分发挥各类耕地的生产潜力，坚持用地与养地相结合，近期与长远相结合的原则进行。以土壤组合类型、肥力水平、改良方向和主要改良措施的一致性为主要依据，同时考虑地貌、气候、水文和生态等条件以及植被类型，参照历史与现状等因素综合考虑进行分区。

（二）耕地改良利用分区系统

根据耕地改良利用原则，将影响耕地利用的各类限制因素归纳为耕地自然环境要素、耕地土壤养分要素和耕地土壤物理要素，将全区耕地改良利用划分为3个改良利用类型区，即耕地自然环境条件改良利用区、耕地土壤培肥改良利用区、耕地土体整治改良利用区，并分别用大写字母E、N和P表示。各改良利用类型区内，再根据相应的限制性主导因子，续分为相应的改良利用亚类。

二、耕地改良利用分区方法

（一）耕地改良利用分区因子的确定

耕地改良利用分区因子是指参与评定改良利用分区类型的耕地诸属性。由于影响的因素很多，我们根据耕地地力评价，遵循主导因素原则、差异性原则、稳定性原则、敏感性原则，进行了限制性主导因素的选取。考虑与耕地地力评价中评价因素的一致性，考虑各土壤养分的丰缺状况及其相关要素的变异情况，选取耕地土壤有机质含量、耕地土壤有效磷含量、耕地土壤速效钾含量、耕地土壤有效锌含量和耕地土壤有效硼

含量因素作为耕地土壤养分状况的限制性主导因子；选取灌溉保证率、盐渍化水平作为耕地自然环境状况的限制性主导因子；选取耕层质地条件和土体构型条件作为耕地土壤物理状况的限制性主导因子。

（二）耕地改良利用分区标准

依据农业部《全国中低产田类型划分与改良技术规范》，根据山东省各县区耕地地力评价资料，综合分析目前全省各耕地改良利用因素的现状水平，同时针对影响牡丹区耕地利用水平的主要因素，邀请具有土壤管理经验的相关专家进行分析，制订了耕地改良利用各主导因子的分区及耕地改良利用类型的确定标准。具体分级标准如表 7 - 1 所示。

表 7 - 1　耕地改良利用主导因子分区标准

耕地改良利用区划	限制因子	代号	分区标准
耕地土壤培肥改良利用区（N）	有机质（o, g/kg）	No	＜12
	有效磷（p, mg/kg）	Np	＜15
	速效钾（k, mg/kg）	Nk	＜100
	有效锌（zn, mg/kg）	Nzn	＜0.5
	有效硼（b, mg/kg）	Nb	＜0.5
耕地自然环境条件改良利用区（E）	灌溉保证（i,%）	Ei	灌溉保障率低于50%
	盐渍化（s）	Es	盐渍化程度轻度以上
耕地土体整治改良利用区（P）	耕层质地（t）	Pt	沙土、沙壤、粗骨土
	土体构型（c）	Pc	土体中有障碍层次

（三）耕地改良利用分区方法

在 GIS 支持下，利用耕地地力评价单元图，根据耕地改良利用各主导因子分区标准在其相应的属性库中进行检索分析，确定各单元相应的耕地改良利用类型，通过图面编辑生成耕地改良利用分区图，并统计各类型面积比例。

三、耕地改良利用分区专题图的生成

（一）耕地土壤培肥改良利用分区图的生成

根据耕地土壤养分限制因素分区标准把牡丹区耕地有机质分为两类，即有机质改良利用区和有机质非改良利用区，有机质改良利用区以代号 No 标注；同样，有效磷改良利用区用代号 Np 标注，速效钾改良利用区用代号 Nk 标注，有效锌改良利用区用符号 Nzn 标注，有效硼改良利用区用 Nb 表示，编辑生成耕地土壤培肥改良利用分区图。结果如图 7 - 1 所示。

（二）耕地自然环境条件改良利用分区图的生成

根据耕地自然环境条件限制因素分区标准进行牡丹区耕地改良利用分区。灌溉保证条

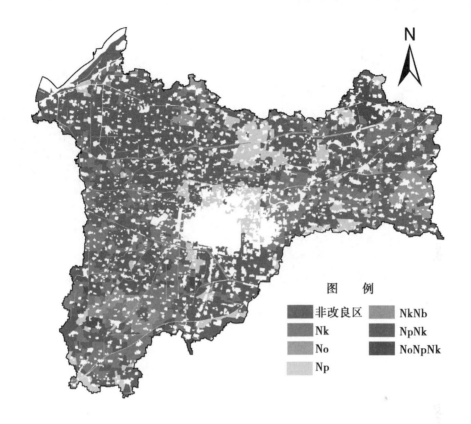

图 7-1 耕地土壤培肥改良利用分区

件分为灌溉保证条件改良利用区和灌溉保证条件非改良利用区,改良利用区用代号 Ei 标注;盐渍化程度分为盐渍化改良利用区和非改良利用区,盐渍化改良利用区以代号 Es 标注。在 GIS 下检索生成耕地自然环境条件改良利用分区图。结果如图 7-2 所示。

(三)耕地土体整治改良利用分区图的生成

根据耕地土地条件限制因素分区标准,耕层质地条件改良利用区用符号 Pt 标注,土体构型改良利用区用符号 Pc 标注。在 GIS 下检索生成耕地土体整治改良利用分区图。结果如图 7-3 所示。

四、耕地改良利用分区结果分析

(一)耕地土壤培肥改良利用分区面积统计及问题分析

牡丹区耕地土壤培肥改良利用区各改良利用类型面积及其比例,如表 7-2 所示。

表 7-2 牡丹区耕地土壤培肥改良利用分区面积统计

改良利用分区	Nk	No	Np	NkNb	NpNk	NoNpNk	非改良区
面积(hm²)	22 102.64	3 055.84	8 062.20	2 444.47	7 302.6	2 781.99	49 683.65
百分比(%)	23.16	3.20	8.45	2.56	7.65	2.92	52.06

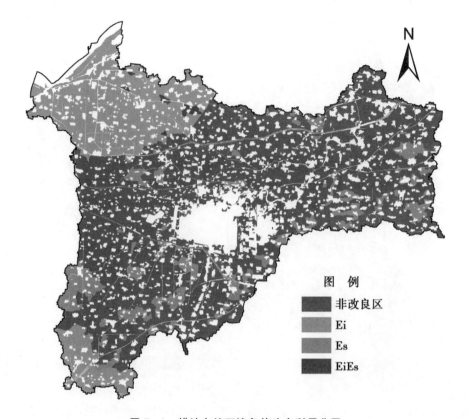

图7-2 耕地自然环境条件改良利用分区

由图7-1和表7-2可以看出，牡丹区土壤养分状况较好，土壤养分不需培肥改良的耕地占耕地总面积的52.06%，主要分布在牡丹区西北部地区，需要培肥区域主要在东南部和南部乡镇。其中，缺少钾肥的耕地面积为22 102.64hm²，面积较大，主要分布在区西南部和东部地区，占耕地总面积的23.16%；缺乏有机质的耕地面积为3 055.84hm²，分布较零散，占耕地总面积的3.20%；缺乏磷肥的耕地面积为8 062.20hm²，主要分布牡丹区中部和南部地区以及北部的胡集乡等乡镇，占耕地总面积的8.45%。缺乏单一养分的耕地面积为33 220.68hm²，占耕地总面积的34.81%；缺乏两种养分的耕地面积为9 747.07hm²，占耕地总面积的11.01%，具体来说，缺乏钾肥和磷肥的耕地面积是7 302.60hm²，占耕地总面积的7.65%；缺乏钾肥和硼肥的耕地面积是2 444.47hm²，占耕地总面积的2.56%。此外，缺乏有机质、钾肥和磷肥3种养分的耕地面积为2 781.99hm²，占耕地总面积的2.92%。从各类型面积比例看出，牡丹区耕地土壤培肥改良的主要方向为有针对性的增施有机肥料、钾肥和磷肥。牡丹区土壤中锌素含量尚可，不需培肥改良。

（二）耕地自然环境条件改良利用分区面积统计及问题分析

牡丹区耕地自然环境条件改良利用区各改良利用类型面积及其比例如表7-3所示。

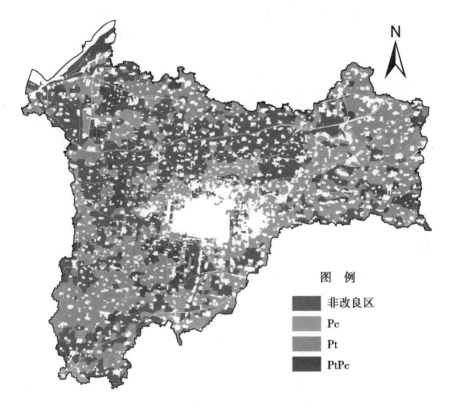

图 例

■ 非改良区
▨ Pc
▩ Pt
■ PtPc

图 7 - 3　耕地土体整治改良利用分区图

表 7 - 3　牡丹区耕地自然环境条件改良利用分区面积统计表

改良利用分区	Ei	Es	EiEs	非改良区
面积（hm²）	19 701.57	9 178.23	388.44	66 165.17
百分比（%）	20.64	9.62	0.41	69.33

　　由图 7 - 2 和表 7 - 3 可以看出，牡丹区耕地自然环境条件较好，地形平坦，灌溉条件较好，不需改良的耕地面积达到 66 165.17hm²，占耕地总面积的 69.33%。需要改良的面积占总面积的 30.67%，在牡丹区境内分布相对集中。灌溉保证水平需提高的耕地主要分布在牡丹区西北部和南部地区，面积为 19 701.57hm²，占耕地总面积的 20.64%；土壤盐渍化需要治理的耕地较为零散，面积为 9 178.23hm²，占耕地总面积的 9.62%；灌溉条件和土壤盐碱化都需要改良的区域面积较小，为 388.44hm²，仅占全区耕地总面积的 0.41%。可见，牡丹区耕地自然环境条件改良利用的主要方向为改善灌溉方式，防止土壤的次生盐渍化。

（三）耕地土体整治改良利用分区面积统计及问题分析

　　牡丹区耕地土体整治改良利用区各改良利用类型面积及其比例如表 7 - 4 所示。

表 7 - 4　牡丹区耕地土体整治改良利用分区面积统计

改良利用分区	Pc	Pt	PtPc	非改良区
面积（hm²）	25 947.3	26 004.84	6 701.74	36 779.52
百分比（%）	27.19	27.25	7.02	38.54

由图 7 - 3 和表 7 - 4 可以看出，牡丹区耕地土体结构一般，主要是牡丹区地处黄河冲积平原，耕层以轻壤和沙壤为主。需要改良的耕地也主要集中在沙质土壤或土壤中含有夹沙层。质地需要改良的耕地面积为 26 004.84hm²，占耕地总面积的 27.25%。土体构型需要改良的面积为 25 947.30hm²，占总面积的 27.19%。质地与土体构型都需要改良的面积为 6 701.74hm²，占耕地总面积的 7.02%。所以，牡丹区土体整治的重点应着力改善土壤偏沙的特点，宜采取秸秆还田、增施有机肥料、深耕等措施，改良偏沙的土壤表层质地及不良的土体结构，这将是牡丹区耕地土体整治改良的主要方向。

五、耕地改良利用对策及措施

（一）增加经济投入，加大耕地保护力度

农业是既要承担自然风险又有区场风险的弱质产业，保护农业是国民经济发展中面临的重大问题。由于调控体制不健全，受比较利益驱使，各层次资金投入重点向非农业倾斜，资金投入不足已成为农业生产发展的主要制约因素。要达到农业增产的途径就要增加耕地投入，加强中低产田改造，不断提高耕地的质量，从而提高耕地利用的经济效益。牡丹区宜进一步加强对耕地改良利用的投入，通过对耕地的改良逐步消除制约耕地生产力的限制因素，培肥地力，改善农业生产条件和农田生态环境。

（二）平衡施肥，用养结合，增施有机肥料，培肥地力

长期以来，牡丹区在耕地开发利用上重利用，轻培肥，重化肥，轻有机肥，虽然全区化肥的施用量逐年增加，但有机肥投入量却逐年减少，且投入的化肥以氮磷肥为主，引起土壤养分特别是有机质含量的下降和矿质养分的失衡，导致耕地肥力下降。因此要持续提高中低产耕地的基础地力，为农作物生长创造高产基础，必须将用土与养土妥善结合起来，广辟有机肥源，重视有机肥的施用，提倡冬种绿肥和使用有机—无机复混肥。同时应利用中低产耕地调查评价成果，科学指导化肥的调配，采用科学优化平衡施肥，重视合理增施有机肥、钾肥及微肥，不断培肥地力，实现中低产耕地资源的持续利用。

（三）加强水利建设，改善灌溉条件，注重盐碱地的改良

水是作物生长的必要条件，灌排条件与耕地的基础地力有着密切的关系，因而可以通过采取以下措施，实现自然降水的空间聚集，改善区域农田的土壤水分状况，推广节水灌溉技术，改善和扩大灌溉面积。

1. 健全灌溉工程

改善灌区输水、配水设备，加强灌溉作业管理，改进地面灌溉技术，采用增产、

增值的节水灌溉方法和灌溉技术。加强水利建设，修筑田埂，防止水土冲刷；安排好水利规划，修好水渠，制止渗漏，加强管理，提高引灌水的利用率。

2. 人工富集天然降水

建造大、中、小型蓄水池、塘等蓄水体系，将集纳雨水、拦截径流和蓄水有效结合起来，在作物需水的关键时期进行灌溉，解决作物的需求和降水错位的矛盾，以充分发挥水分的增产效果。

3. 改善土壤结构

增加土壤的蓄水能力，通过对土壤增施有机物料（如施用有机肥，秸秆还田等）和应用土壤改良剂，改良土壤结构，增强土壤结构的稳定性，提高土壤对降水的入渗速率和持水量。

（四）采用农业措施改良土壤质地，改善土体结构

牡丹区耕地土壤限制性因素主要为耕层土壤沙化，可以采用以肥改沙的方法，一方面增加土壤中养分含量，另一方面增加土壤中的有机胶体，对改良土壤沙化和提高土壤肥力有显著的作用。此外选择适宜性的作物种植，既能改善土壤性质又能获得较好的经济效益。因而因地制宜的发展当地名优产品，是适应自然，提高经济效益的有效措施。

（五）集约化利用耕地资源，发展生态型可持续农业，改善生态环境

耕地生态环境质量的高低是保证农作物持续稳产、高产、优产、高效的重要前提。根据牡丹区资源优势以及生态环境的特点，因地制宜地利用耕地资源，通过合理轮作、科学间套种等措施，增加复种指数，努力提高耕地资源的利用率；注重多物种、多层次、多时序、多级质能、多种产业的有机结合，农、林、牧、副、渔并举，建立生态型可持续农业系统，达到经济、生态和社会效益的高度统一。此外，应重新审视耕地承包到户政策所致的耕地经营权分散，在新形势下出现的不利耕地资源规模集约经营的缺点，努力探讨建立"公司＋农户"或各种专业化合作组织等耕地规模集约经营模式，提高全区耕地资源的集约经营和经济效益。

第八章　耕地资源管理信息系统建设

第一节　绪　论

一、项目来源及目的意义

牡丹区耕地资源信息系统数据库建设工作，是农业部沃土工程，"科学施用化肥"即测土配方施肥工作的重要组成部分，是国家实现科学种田，促进粮食稳定生产，实现科学施肥经常化、普及化的重要工作。是实现耕地地力评价成果资料统一化、标准化的重要计划，是实现综合农业信息资料共享的技术手段。牡丹区耕地资源信息系统数据库建设工作是对最新的土地利用现状调查成果，第二次土壤普查的土壤、地貌、矿化度等，以及本次耕地地力评价工作中采集的土壤化学分析成果进行汇总，建立一个集空间数据库和属性数据库的存储、管理、查询、分析、显示为一体的数据库，为科学种田及施肥、农业的可持续发展，深化农业科学管理工作服务。

二、建库单位组成

为加快牡丹区耕地地力评价及耕地资源信息系统数据库建设，依据农业部县域耕地资源信息系统数据库建设要求，由多年来一直从事测土配方施肥管理、研究、耕地地力评价、数据库建设等有一定经验的单位组成联合工作组。

山东省土壤肥料总站负责耕地地力评价及建库工作组织、协调、标准制定、土壤图成果资料的归属核查处理等。

山东农业大学资源与环境学院负责耕地地力评价图、土壤化学微量元素系列图及研究报告编制等。

山东天地亚太国土遥感有限公司负责土地、土壤、矿化度、地貌、灌溉分区等图件扫描矢量化及几何校正处理等编图工作，耕地地力评价所有建库资料统一化、标准化处理，空间数据库和属性数据库建设，耕地地力评价成果图件修改编辑及图件输出、数据库建设报告编制等工作。

三、建库工作的软硬件环境

1. 主要硬件

计算机 10 台。

HP5000 和 HP3500 绘图仪各一台。

2. 软件

MAPGIS 6.7 软件 10 套。

ARCGIS 9.2 软件 2 套。

县域耕地资源信息系统软件 2 套。

ENVI 4.5 遥感图像处理与分析软件 1 套。

第二节　建库内容及建库工作中主要问题的处理

一、建库内容

依据农业部耕地地力评价数据库建设的要求，牡丹区耕地资源信息系统数据库，包括空间数据库和属性数据库两部分。属性数据库依据县域耕地资源信息系统数据字典、建库县提供的有关资料、山东省第二次土壤普查土种归属表及土壤分类代码编制。空间数据库包括土地利用现状图、土壤图、矿化度图、灌溉分区图、地貌图、耕地地力调查点点位图、耕地地力评价等级图、土壤化学微量元素系列图等。

二、建库工作中的主要问题

牡丹区耕地资源信息系统数据库建设工作由于涉及的内容多，加之部分资料为第二次土壤普查的资料，与县域耕地资源信息系统数据字典的要求对比存在以下问题。

第一，第二次土壤普查的土壤、地貌、矿化度等成果均为纸介质图，因图纸折叠和自然伸缩的影响，图件变形大，形成较大的误差。

第二，土地利用现状图为 2008 年以前的现状，近年来交通用地和蔬菜地出现较大的变化等。

第三，牡丹区土壤图中的土种名称与山东省土种归属要求不一致。

第四，牡丹区的地貌图为微地貌图，与县域耕地资源信息系统数据字典中地貌划分的名称不能一一对应。

第五，已有资料坐标系不统一问题，如第二次土壤普查图件为 1954 年北京坐标系，土地利用现状图或行政区划图为 1980 年西安坐标系等。

第六，已有成果资料专业内容和地名注释错漏等。

第七，没有统一的土壤分类与代码。

三、建库工作中有关问题的处理

第一，依据 1∶50 000 标准分幅地形图，对所有建库的纸介质成果图全部进行几何校正处理，以消除纸介质成果图的误差。

第二，依据较新的航天卫星资料对近年来变化的公路、铁路等进行修改补充。

第三，为使牡丹区土种的名称与省归属要求相对应，在耕地资源信息系统数据库建设前，首先对土壤图中所有图斑内容进行了检查统计、对错漏注释及边界问题，交项目区进行修改补充及编制土种归属表，最后由省土肥站进行土种归属复查处理。为方便县域土壤图的利用和对比，建库后的图中仍保留了原县域土壤图的土种代码，编制了省标、县土壤名称及代码对比表。属性挂接为县域土种代码。

第四，由于县域耕地资源信息系统数据字典中的划分的地貌名称少，其地貌名称不能一一对应，在建库时尽量选择与数据字典中相近的地貌名称进行编码，为方便地貌图的利用和对比，在地貌图中保留了原地貌图的名称和代码，图例中增加了建库数据字典中规定的地貌名称、代码与县原地貌名称、代码的对比表，属性挂接为数据字典中规定的地貌名称和代码。

第五，对已有资料坐标系不统一问题，依据数据库建设要求，所有成果全部统一到高斯—克吕格投影，6度分带，1954年北京坐标系中。

第六，对已有成果资料专业内容和地名注释错漏问题，全部打印成图件和文字交项目县进行全面检查和补充，依据项目县的检查稿逐条进行修改。

第七，对没有统一的土壤分类与代码问题，编制了全省统一的土类、亚类、土属代码及县域土种代码。

由于20世纪80年代山东省第二次土壤普查汇总时没有制定全省统一的县域土壤代码，无法满足目前全国开展的耕地地力评价及县域耕地资源管理信息系统建库工作统一化、标准化和科学实施测土施肥的需要，为了满足其建库和科学施肥工作的需要，依据县域耕地资源管理信息系统数据字典中土壤类型代码要求及山东省第二次土壤普查土种归属的要求，以满足本次建库工作的需要为基础，编制了山东省第二次土壤普查分类的土类、亚类、土属、土种的代码。其中，土类、亚类、土属的代码以山东省第二次土壤普查土种归属表为准，土种代码以每个县级为单元，按土种的顺序编制。

分类原则与方法：

本次编码工作，依据山东省第二次土壤普查土种归属的要求，以科学性、完整性、统一化、标准化、可扩展性等为原则、在山东省第二次土壤普查土种归属分类单元中仅对土类、亚类、土属的3个层级进行编码。4个层级的土种编码，每个县域为独立的单元编码。

代码结构与编码方法：

代码结构，采用4个层次的编码方法对山东省第二次土壤普查县域成果进行编码，其代码结构为土类、亚类、土属、土种4个层次。

编码方法，土类代码用第一层两位，用阿拉伯数字表示（每个土类用两个阿拉伯数字表示，从"01"开始）。

亚类代码用第二层两位阿拉伯数字表示，从"01"开始。

土属代码用第三层两位阿拉伯数字表示，从"01"开始。

土种代码用第四层两位阿拉伯数字表示，按每个县域的土种顺序从"01"开始。

山东省第二次土壤普查土种归属表中未列内容处理：

裸岩是山东省第二次土壤普查土种归属表中未列其内容，但是山丘区的部分县土壤图中出现了裸岩图斑，由于中国土壤分类与代码国标中也没有裸岩内容，本次编码不分裸岩岩石类型，相当于增加一个土壤类型处理（土类、亚类、土属、土种）。

第三节　数据库标准化

一、标准引用

县域耕地资源信息系统数据字典中规定的国标及行业有关技术标准：

1. GB 2260—2002　《中华人民共和国行政区划代码》

2. NY/T 309—1996　《全国耕地类型区、耕地地力等级划分标准》

3. NY/T 310—1996　《全国中低产田类型划分与改良技术规范》

4. GB/T 17296—2000　《中国土壤分类与代码》

5. 全国农业区划委员会　《土地利用现状调查技术规程》

6. 国土资源部　《土地利用现状变更调查技术规程》

7. GB/T 13989—1992　《国家基本比例尺地形图分幅与编号》

8. GB/T 13923—1992　《国土基础信息数据分类与代码》

9. GB/T 17798—1999　《地球空间数据交换格式》

10. GB 3100—1993　《国际单位制及其应用》

11. GB/T 16831—1997　《地理点位置的纬度、经度和高程表示方法》

12. GB/T 10113—2003　《分类编码通用术语》

13. GB/T 10114—2003　《县以下行政区划代码编制规则》

14. GB/T 9648—1988　《国际单位制代码》

15. 农业部　《全国耕地地力调查与评价技术规程》

16. 农业部　《测土配方施肥技术规范（试行）》

17. 农业部　《测土配方施肥专家咨询系统编制规范（试行）》

18. 山东省县域土种归属标准。

19. 山东省县域耕地地力评价标准等。

20. 山东省第二次土壤普查土种归属及代码。

二、空间坐标系及建库平台

1. 空间数据坐标系

投影：高斯—克吕格，6度分带。1954年北京坐标系，1956年黄海高程系。比例尺：1：50 000。

2. 数据库采集模板和数据库文件格式

为使所有建库资料达到统一化和标准化，以及满足所有成果图件的输出和耕地资源地力评价工作的需要，对建库资料的扫描矢量化和几何校正处理工作均采用MAP-GIS平台，数据库的文件格式为MAPGIS的点、线、面文件。待数据库成果评审验收和修改后，将 MAPGIS 的点、线、面格式转换为 shape 格式，由 ARCGIS 平台进行数据库规范化处理，最后将数据库资料导入县域耕地资源信息管理系统。

第四节 数据库结构

一、空间数据库图层划分

空间数据库图层划分是严格按照县域耕地资源信息系统数据字典要求分层的，每层只反映属性相同的内容。牡丹区耕地资源信息系统数据库建设包括土地利用现状图、第二次土壤普查成果和耕地地力评价等 3 部分内容，其全省空间数据库图层划分情况如表 8－1 所示。

表 8－1 耕地资源信息系统空间数据库分层

序号	图层代码	图 层 名 称	序号	图层代码	图 层 名 称
1	AD101	行政区划图	18	SP103	耕层土壤有效磷等值线图
2	AD102	县乡村位置图	19	SP104	耕层土壤速效钾等值线图
3	AD103	行政界线图	20	SP105	耕层土壤缓效钾等值线图
4	AD201	辖区边界图	21	SP106	耕层土壤有效锌等值线图
5	AD202	装饰边界图	22	SP108	耕层土壤有效钼等值线图
6	GE103	面状水系图	23	SP109	耕层土壤有效铜等值线图
7	GE104	线状水系图	24	SP110	耕层土壤有效硅等值线图
8	GE105	道路图	25	SP111	耕层土壤有效锰等值线图
9	GE201	坡度图	26	SP112	耕层土壤有效铁等值线图
10	GE203	地貌类型分区图	27	SP201	耕层土壤 pH 等值线图
11	LM102	灌溉分区图	28	SP113	耕层土壤交换性钙等值线图
12	LU101	土地利用现状图	29	SP114	耕层土壤交换性镁等值线图
13	SB101	土壤图	30		耕层土壤有效硫等值线图
14	SB203	地下水矿化度等值线图	31		耕层土壤水解性氮等值线图
15	SB302	耕地地力调查点点位图	32		耕地地力评价等级图
16	SP101	耕层土壤有机质等值线图	33		耕层土壤有效硼等值线图
17	SP102	耕层土壤全氮等值线图			

注：表 8－1 为山东省统一的分层情况，牡丹区为部分图件

二、属性数据库结构

属性数据结构内容严格按县域耕地资源管理信息系统数据字典及建库县提供的资料编制。属性数据库结构如表 8－2 所示。

表 8 - 2 耕地资源信息系统属性数据库结构

图名	属 性 数 据 结 构	字段类型
行政区划图	内部标识码：系统内部 ID 号 实体类型：point，polyline，polygon 实体面积：系统内部自带 实体长度：系统内部自带 县内行政码：根据国家统计局"统计上使用的县以下行政区划代码编制规则"编制	长整型，9 文本型，8 双精度，19，2 长整型，10 长整型，6
县乡村位置图	内部标识码：系统内部 ID 号 实体类型：point，polyline，polygon X 坐标：无，Y 坐标：无 县内行政码：根据国家统计局"统计上使用的县以下行政区划代码编制规则"编制 标注类型：村标注，乡标注，县标注	长整型，9 文本型，8 双精度，19，2 长整型，6 字符串，6
行政界线图	内部标识码：系统内部 ID 号 实体类型：point，polyline，polygon 实体长度：系统内部自带 界线类型：根据国家基础信息标准（GB 13923—92）填写	长整型，9 文本型，8 长整型，10 文本型，40
辖区边界图	内部标识码：系统内部 ID 号 实体类型：point，polyline，polygon 实体面积：系统内部自带 实体长度：系统内部自带 要素代码：依据《国家基础地理信息数据分类与代码》编制要素代码 要素名称：依据《国家基础地理信息数据分类与代码》编制要素名称 行政单位名称：单位的实际名称填写	长整型，9 文本型，8 双精度，19，2 长整型，10 长整型，5 文本型，40 文本型，20
装饰边界图	内部标识码：系统内部 ID 号	长整型，9
面状水系图	内部标识码：系统内部 ID 号 实体类型：point，polyline，polygon 实体面积：系统内部自带 实体长度：系统内部自带 要素代码：依据《国家基础地理信息数据分类与代码》编制要素代码 要素名称：依据《国家基础地理信息数据分类与代码》编制要素名称 面状水系码：自定义编码 面状水系名称：依据 2006 年 10 月版山东省地图册编制 湖泊贮水量：依据 1∶5 万地形图	长整型，9 文本型，8 双精度，19，2 长整型，10 长整型，5 文本型，40 字符串，5 字符串，20 字符串，8
线状水系图	内部标识码：系统内部 ID 号 实体类型：point，polyline，polygon 实体长度：系统内部自带 要素代码：依据《国家基础地理信息数据分类与代码》编制要素代码 要素名称：依据《国家基础地理信息数据分类与代码》编制要素名称 线状水系码：自定义编码 线状水系名称：依据 2006 年 10 月版山东省地图册编制 河流流量：无	长整型，9 文本型，8 长整型，10 长整型，5 文本型，40 长整型，4 文本型，20 长整型，6

（续表）

图名	属 性 数 据 结 构	字段类型
道路图	内部标识码：系统内部 ID 号 实体类型：point，polyline，polygon 实体长度：系统内部自带 要素代码：依据《国家基础地理信息数据分类与代码》编制要素代码 要素名称：依据《国家基础地理信息数据分类与代码》编制要素名称 公路代码：根据国家标准 GB 917.1—89《公路路线命名编号和编码规则命名和编号规则》编制 公路名称：根据国家标准 GB 917.1—89《公路路线命名编号和编码规则命名和编号规则》编制	长整型，9 文本型，8 长整型，10 长整型，5 文本型，40 文本型，11 文本型 20
地貌类型 分区图	内部标识码：系统内部 ID 号 实体类型：point，polyline，polygon 实体面积：系统内部自带 实体长度：系统内部自带 地貌类型：数据引用自"中国科学院生物多样性委员会 地貌类型代码库"（四类码）	长整型，9 文本型，8 双精度，19，2 长整型，10 文本型，18
灌溉分区图	内部标识码：系统内部 ID 号 实体类型：point，polyline，polygon 实体面积：系统内部自带 实体长度：系统内部自带 灌溉水源：县局提供数据 灌溉水质：无 灌溉方法：县局提供数据 年灌溉次数：县局提供数据 灌溉条件：无 灌溉保证率：无 灌溉模数：无 抗旱能力：无	长整型，9 文本型，8 双精度，19，2 长整型，10 文本型，10 文本型，4 文本型，18 文本型，2 文本型，4 长整型，3 双精度，5，2 长整型，3
土地利用 现状图	内部标识码：系统内部 ID 号 实体类型：point，polyline，polygon 实体面积：系统内部自带 实体长度：系统内部自带 地类号：国土资源部发布的《全国土地分类》三级类编码 平差面积：无	长整型，9 文本型，8 双精度，19，2 长整型，10 长整型，3 双精度，7，2
土壤图	内部标识码：系统内部 ID 号 实体类型：point，polyline，polygon 实体面积：系统内部自带 实体长度：系统内部自带 土壤省标码：土壤类型省及县分类系统编码	长整型，9 文本型，8 双精度，19，2 长整型，10 长整型，8
地下水矿化度 等值线图	内部标识码：系统内部 ID 号 实体类型：point，polyline，polygon 实体长度：系统内部自带 地下水矿化度：依据县级矿化度图实际数据填写	长整型，9 文本型，8 长整型，10 双精度，5，1

（续表）

图名	属　性　数　据　结　构	字段类型
耕地地力 调查点点位图	内部标识码：系统内部 ID 号 实体类型：point, polyline, polygon X 坐标：北京 54 坐标系 Y 坐标：北京 54 坐标系 点县内编号 AP310102：自定义编号	长整型，9 文本型，8 双精度，19，2 双精度，19，2 长整型，8
行政区基本 情况数据表	县内行政码 SH110102：根据国家统计局"统计上使用的县以下 行政区划代码编制规则"编制 省名称：山东省 县名称：××市，××区，××县 乡名称：××乡，××镇，××街道 村名称：××村，××委员会 行政单位名称：××市，××区，××县，××乡，××镇，× ×街道，××村，××委员会 总人口：无 农业人口：无 非农业人口：无 国民生产总值 GNP：无	长整型，6 字符串，6 字符串，8 字符串，18 字符串，18 字符串，20 字符串，7 字符串，7 字符串，7 双精度，11，2 字符串，20
县级行政 区划代码表	行政单位名称：××市，××区，××县，××乡××镇××街 道××村××委员会 县内行政码 SH110102：根据国家统计局"统计上使用的县以下 行政区划代码编制规则"编制	长整型，6 长整型9
土地利用现 状地块数据表	内部标识码：系统内部 ID 号 地类号：国土资源部发布的《全国土地分类》三级类编码 地类名称：国土资源部发布的《全国土地分类》三级类名称 计算面积：无 地类面积：无 平差面积：无 报告日期：无	长整型9 字符串，3 字符串，20 双精度，7，2 双精度，7，2 双精度，7，2 日期型，10
土壤类型 代码表	土壤省标码：土壤类型省标分类系统编码 土壤省标名：土壤类型省标分类系统名称	字符串，8 字符串，20
耕地地力调查点 基本情况及化验 结果数据表	灌溉水源：县提供数据 灌溉方法：县提供数据 调查点国内统一编号：自定义编号 调查点县内编号：自定义编号 调查点自定义编号 AP310103：自定义编号 调查点类型：耕地地力调查点 户主联系电话：区号-本地电话号码 调查人联系电话：区号-本地电话号码	字符串，10 字符串，18 字符串，14 字符串，8 字符串，40 字符串，20 字符串，13 字符串，13

（续表）

图名	属性数据结构	字段类型
	调查人姓名：×××× 调查日期：采集当天日期 ≥0℃积温：无 ≥10℃积温：无 年降水量：县提供数据 全年日照时数：无 光能辐射总量：无 无霜期：县提供数据 干燥度CW210107：无 东经：县提供数据 北纬：县提供数据 坡度：地形坡度海拔：海拔高度 坡向：缺少数据 地形部位：数据引用自NY/T309-1996《全国耕地类型区、耕地地力等级划分》和NY/T310-1996《全国中低产田类型划分与改良技术规范》 田面坡度：依据田面实际坡度 灌溉保证率：无 排涝能力：无 梯田类型：无 梯田熟化年限：无 保护块面积：无 土壤侵蚀类型：无 土壤侵蚀程度：无明显侵蚀，轻度侵蚀 污染源企业名称：无 污染源企业地址：无 液体污染物排放量：无 粉尘污染物排放量：无 污染面积LE220105：无 污染物类型：无 污染范围：无 污染造成的损害：无 距污染源距离：无 污染物形态：无 污染造成的经济损失：无 省名称：山东省 县名称：××市，××区，××县 乡名称：××乡，××镇，××街道 村名称：××村，××委员会 户主姓名 土壤类型代码（国标）：根据县提供数据填写 土类名称（县级）：县提供数据 亚类名称（县级）：县提供数据 土属名称（县级）：县提供数据 土种名称（县级）：县提供数据 剖面构型：土层符号代码表、土层后缀符号代码表、剖面构型数据编码表是根据《中国土种志》整理 质地构型：无 耕层厚度：县提供数据 障碍层类型：无 障碍层出现位置：无 障碍层厚度：无 成土母质：数据引用于《土壤调查与制图》（第二版），农业出版社 质地：中壤土，重壤土，沙壤土 容重：县提供数据 田间持水量：县提供数据 pH：依据土壤化学分析pH值耕地地力等级评价成果填写 CEC：依据土壤化学分析CEC值耕地地力等级评价成果填写	字符串，8 日期型，10 字符串，5 字符串，5 字符串，4 字符串，4 字符串，4 字符串，3 双精度，4，2 双精度，9，5 双精度，8，5 双精度，6，1 双精度，4，1 字符串，4 字符串，50 双精度，4，1 字符串，3 字符串，2 字符串，10 字符串，3 双精度，7，2 字符串，8 字符串，20 字符串，50 字符串，50 双精度，6，1 双精度，6，1 双精度，9，2 字符串，20 字符串，40 字符串，30 字符串，5 字符串，4 字符串，9 字符串，8 字符串，18 字符串，18 字符串，8 字符串，8 字符串，20 字符串，20 字符串，20 字符串，20 字符串，10 字符串，8 字符串，2 字符串，10 字符串，3 字符串，3 字符串，30 字符串，6 双精度，4，2 字符串，2 双精度，4，1 双精度，4，1 双精度，5，1

耕地地力调查点基本情况及化验结果数据表

图名	属 性 数 据 结 构	字段类型
耕地地力调查点基本情况及化验结果数据表	有机质：依据土壤化学分析有机质值耕地地力等级评价成果填写 全氮：依据土壤化学分析全氮值耕地地力等级评价成果填写 全磷：依据土壤化学分析全磷值耕地地力等级评价成果填写 有效磷：依据土壤化学分析有效磷值耕地地力等级评价成果填写 缓效钾：依据土壤化学分析缓效钾值耕地地力等级评价成果填写 速效钾：依据土壤化学分析速效钾值耕地地力等级评价成果填写 有效锌：依据土壤化学分析有效锌值耕地地力等级评价成果填写 水溶态硼：依据土壤化学分析水溶态硼值耕地地力等级评价成果填写 有效硅：依据土壤化学分析有效硅值耕地地力等级评价成果填写 有效钼：依据土壤化学分析有效钼值耕地地力等级评价成果填写 有效铜：依据土壤化学分析有效铜值耕地地力等级评价成果填写 有效锰：依据土壤化学分析有效锰值耕地地力等级评价成果填写 有效铁：依据土壤化学分析有效铁值耕地地力等级评价成果填写 交换性钙：依据土壤化学分析交换性钙值耕地地力等级评价成果填写 交换性镁：依据土壤化学分析交换性镁值耕地地力等级评价成果填写 有效硫：依据土壤化学分析有效硫值耕地地力等级评价成果填写 盐化类型：无 1m 土层含盐量：无 耕层土壤含盐量：无 水解性氮：依据土壤化学分析水解性氮值耕地地力等级评价成果填写 旱季地下水位：无 采样深度：县提供数据	双精度，6，3 字符串，5 双精度，5，1 字符串，4 字符串，3 双精度，5，2 双精度，4，2 双精度，6，2 双精度，4，2 双精度，5，2 双精度，5，1 双精度，6，1 双精度，6，1 双精度，5，1 双精度，5，1 双精度，5，1 字符串，20 双精度，5，1 双精度，5，1 双精度，5，3 字符串，3 字符串，7
耕层土壤有机质等值线图	内部标识码：系统内部 ID 号 实体类型：point，polyline，polygon 实体长度：系统内部自带 有机质：依据土壤化学分析有机质值耕地地力等级评价成果填写	长整型，9 文本型，10 长整型，10 双精度，5，1
耕层土壤全氮等值线图	内部标识码：系统内部 ID 号 实体类型：point，polyline，polygon 实体长度：系统内部自带 全氮：依据土壤化学分析全氮值耕地地力等级评价成果填写	长整型，9 文本型，10 长整型，10 双精度，4，2
耕层土壤有效磷等值线图	内部标识码：系统内部 ID 号 实体类型：point，polyline，polygon 实体长度：系统内部自带 有效磷：依据土壤化学分析有效磷值耕地地力等级评价成果填写	长整型，9 文本型，10 长整型，10 双精度，5，1
耕层土壤速效钾等值线图	内部标识码：系统内部 ID 号 实体类型：point，polyline，polygon 实体长度：系统内部自带 速效钾：依据土壤化学分析速效钾值耕地地力等级评价成果填写	长整型，9 文本型，10 长整型，10 长整型，3

（续表）

图名	属 性 数 据 结 构	字段类型
耕层土壤缓效钾等值线图	内部标识码：系统内部 ID 号 实体类型：point，polyline，polygon 实体长度：系统内部自带 缓效钾：依据土壤化学分析缓效钾值耕地地力等级评价成果填写	长整型，9 文本型，10 长整型，10 长整型，4
耕层土壤有效锌等值线图	内部标识码：系统内部 ID 号 实体类型：point，polyline，polygon 实体长度：系统内部自带 有效锌：依据土壤化学分析有效锌值耕地地力等级评价成果填写	长整型，9 文本型，10 长整型，10 双精度，5，2
耕层土壤有效钼等值线图	内部标识码：系统内部 ID 号 实体类型：point，polyline，polygon 实体长度：系统内部自带 有效钼：依据土壤化学分析有效钼值耕地地力等级评价成果填写	长整型，9 文本型，10 长整型，10 双精度，4，2
耕层土壤有效铜等值线图	内部标识码：系统内部 ID 号 实体类型：point，polyline，polygon 实体长度：系统内部自带 有效铜：依据土壤化学分析有效铜值耕地地力等级评价成果填写	长整型，9 文本型，10 长整型，10 双精度，5，2
耕层土壤有效硅等值线图	内部标识码：系统内部 ID 号 实体类型：point，polyline，polygon 实体长度：系统内部自带 有效硅：依据土壤化学分析有效硅值耕地地力等级评价成果填写	长整型，9 文本型，10 长整型，10 双精度，6，2
耕层土壤有效锰等值线图	内部标识码：系统内部 ID 号 实体类型：point，polyline，polygon 实体长度：系统内部自带 有效锰：依据土壤化学分析有效锰值耕地地力等级评价成果填写	长整型，9 文本型，10 长整型，10 双精度，5，1
耕层土壤有效铁等值线图	内部标识码：系统内部 ID 号 实体类型：point，polyline，polygon 实体长度：系统内部自带 有效铁：依据土壤化学分析有效铁值耕地地力等级评价成果填写	长整型，9 文本型，10 长整型，10 双精度，5，1
耕层土壤 pH 等值线图	内部标识码：系统内部 ID 号 实体类型：point，polyline，polygon 实体长度：系统内部自带 pH：依据土壤化学分析 pH 值耕地地力等级评价成果填写	长整型，9 文本型，10 长整型，10 双精度，4，1
耕层土壤交换性钙等值线图	内部标识码：系统内部 ID 号 实体类型：point，polyline，polygon 实体长度：系统内部自带 交换性钙：依据土壤化学分析交换性钙值耕地地力等级评价成果填写	长整型，9 文本型，10 长整型，10 双精度，6，1
耕层土壤交换性镁等值线图	内部标识码：系统内部 ID 号 实体类型：point，polyline，polygon 实体长度：系统内部自带 交换性镁：依据土壤化学分析交换性镁值耕地地力等级评价成果填写	长整型，9 文本型，10 长整型，10 双精度，5，1

（续表）

图名	属 性 数 据 结 构	字段类型
耕层土壤 有效硫 等值线图	内部标识码：系统内部 ID 号 实体类型：point，polyline，polygon 实体长度：系统内部自带 有效硫：依据土壤化学分析有效硫值耕地地力等级评价成果填写	长整型，9 文本型，10 长整型，10 双精度，5，1
耕层土壤 水解性氮 等值线图	内部标识码：系统内部 ID 号 实体类型：point，polyline，polygon 实体长度：系统内部自带 水解性氮：依据土壤化学分析水解性氮值耕地地力等级评价成果 填写	长整型，9 文本型，10 长整型，10 双精度，5，3
耕地地力 评价等级图	内部标识码：系统内部 ID 号 实体类型：point，polyline，polygon 实体面积：系统内部自带 等级（县内）：'120'	长整型，9 文本型，10 双精度，19，2 文本型，2
耕层土壤 有效硼 等值线图	内部标识码：系统内部 ID 号 实体类型：point，polyline，polygon 实体长度：系统内部自带 有效硼：依据土壤化学分析有效硼值耕地地力等级评价成果填写	长整型，9 文本型，10 长整型，10 双精度，4，2
土壤全盐 含量分布图	内部标识码：系统内部 ID 号 实体类型：point，polyline，polygon 实体长度：系统内部自带 全盐：依据土壤化学分析全盐值耕地地力等级评价成果填写	长整型，9 文本型，10 长整型，10 双精度，4，1
耕层土壤 有效镁 等值线图	内部标识码：系统内部 ID 号 实体类型：point，polyline，polygon 实体长度：系统内部自带 有效镁：依据土壤化学分析有效镁值耕地地力等级评价成果填写	长整型，9 文本型，10 长整型，10 长整型，2
耕层土壤 有效钙 等值线图	内部标识码：系统内部 ID 号 实体类型：point，polyline，polygon 实体长度：系统内部自带 有效钙：依据土壤化学分析有效钙值耕地地力等级评价成果填写	长整型，9 文本型，10 长整型，10 长整型，2

第五节　建库工作方法

一、数据库质量控制

数据库质量涉及 3 个方面的工作：一要满足耕地地力评价工作的需要。二要满足耕地资源信息系统数据库建设的需要。三要满足建库所有成果图件输出的需要。为满足以上 3 个方面的要求，在数据库建设工作开展前，在有关国标、部标和行业标准的基础上，制定了统一的工作平台、工作方法和流程，成果图件图名、图例和色彩编制要求，成果质量检查工作方法，对耕地地力评价基础性图件首先在建库单位初步检查后，交项目县进行全面检查和修改补充错漏内容，返回建库单并对所有成果图件安排专人进行全面检查和修改，从而保证了数据库的成果质量。

二、建库工作有关规定

为保证建库工作的按时及保质完成，成立了建库项目组。

1. 建库项目组

设立技术负责一人，全面负责建库工作有关规程的学习，日常建库工作安排、工作进度、质量检查、建库数据库资料汇总、MAPGIS 格式建库成果经 ARCGIS 规范化处理，导入县域耕地资源信息系统等工作。

2. 质量检查组

安排具有工作经验的人员成立检查组，负责所有建库资料的质量检查及修改工作。

3. 制定了建库工作标准

在建库工作前，首先对建库图形子图的大小、线的粗细及线型、面的色彩搭配，图件分层，工作方法和流程下发到每一个建库工作人员手中，统一了建库图形扫描矢量化的技术要求。

4. 最终成果检查

所有成果图待评审验收后，依据专家意见，由建库组和耕地地力评价组依据专家和甲方意见进行成果图和数据库修改补充，最后输出成果图件和导入县域耕地资源信息系统。

三、建库资料精度及建库工作流程

（一）建库资料精度

为保证建库资料的数学精度，首先形成大于牡丹区范围的 1∶50 000 标准图幅理论图框，拼接形成县域的 1∶50 000 理论图框，以 1∶50 000 标准分幅地形图为基础，在地形图和县域土地利用现状图上选择同名地物点（主要为农村道路交叉点等）为几何校正点，为保证县域图件的精度，牡丹区不少于 30 个几何校正点，每一个几何校正点选择地形图附近的 4 个千米网交叉点，将其校正到县域的理论图框上，形成满足 1∶50 000 精度要求的县域地理底图。以该图为基础，将所有建库成果图件校正到县域地理底图上。

（二）建库工作流程

第一步：首先按照建库工作的基本要求对土地利用现状、土壤、矿化度、灌溉分区、地貌、采样点位等图件进行扫描矢量化和几何校正处理、建库组错漏自查和交甲方进行错漏检查、返回建库组修改及编辑，拓扑检查，属性挂接处理等。第二步：将以上成果交耕地地力评价组进行耕地地力评价工作。第三步：耕地地力评价组将其评价成果资料再返回建库组，由建库组按照县域耕地资源信息系统数据库建设要求，对所有建库成果资料进行全面的质量检查及编辑处理、拓扑处理、属性挂接，最后由 MAPGIS—ARCGIS 县域耕地资源信息系统及输出成果图件。

（三）主要空间数据库说明

1. 行政区划图（地理底图）

以土地利用现状图为背景，分别提取、乡镇、村庄、主要工矿企业建设用地，主要道路、河流、境界、行政区划等内容。参考地图或 1 : 50 000 地形图，对主要道路、双线河流等地物进行连接并加注地物注记。依据卫星影像等资料，对近年来增加的主要道路进行更新。

2. 土壤图

依据土壤调查研究报告、土壤志、山东省土壤分类归属标准，编制土种归属对比表和省标与县级对比表图例。在土壤图上保留土壤图原始代码，属性挂接为新编的县域土种代码，可满足各级政府工作的需要。

3. 地貌图

由于地貌图为微地貌图，为满足各级政府使用及建库工作的需要，在地貌图中保留了原地貌代码，其属性尽量对应到数据字典中的名称及代码，在图例中增加了对比表，满足了各项工作的需要。

（四）属性库编制方法

严格按照建库数据字典中的要求及建库单位提供的资料编制各种成果图属性代码。

第六节 建库成果

牡丹区耕地资源信息系统数据库建设成果包括农业部规定格式的数据库和 MAP-GIS 格式的成果共计 24 幅图，如表 8-3 所示。

表 8-3 牡丹区耕地资源信息系统数据库建设成果

序号	成 果 图 名 称	备注
1	牡丹区土地利用现状图	
2	牡丹区地貌图	
3	牡丹区土壤图	
4	牡丹区矿化度含量分布图	
5	牡丹区耕地地力调查点点位图	
6	牡丹区灌溉分区图	
7	牡丹区土壤 pH 值分布图	
8	牡丹区耕地地力评价等级图	
9	牡丹区土壤缓效钾含量分布图	
10	牡丹区土壤碱解氮含量分布图	
11	牡丹区土壤交换性钙含量分布图	
12	牡丹区土壤交换性镁含量分布图	
13	牡丹区土壤全氮含量分布图	
14	牡丹区土壤速效钾含量分布图	
15	牡丹区土壤有机质含量分布图	
16	牡丹区土壤有效硅含量分布图	
17	牡丹区土壤有效磷含量分布图	
18	牡丹区土壤有效硫含量分布图	

（续表）

序号	成　果　图　名　称	备　注
19	牡丹区土壤有效锰含量分布图	
20	牡丹区土壤有效钼含量分布图	
21	牡丹区土壤有效硼含量分布图	
22	牡丹区土壤有效铁含量分布图	
23	牡丹区土壤有效铜含量分布图	
24	牡丹区土壤有效锌含量分布图	

第七节　结　论

　　牡丹区耕地资源管理信息系统数据库建设包括空间数据库和属性数据库两部分，空间数据库全部是按照县域耕地资源管理信息系统数据字典要求进行的。属性数据库由于部分资料难以收集到（如土地平差面积等），属性数据仅按照县域耕地资源管理信息系统数据字典要求编制了部分内容。另外，由于耕地地力评价土壤采样点位图，利用GPS坐标展绘到地理底图上点位与实际点位误差较大，达不到精度要求，所以耕地地力评价土壤调查采样点位图是依据野外采样点位图经扫描矢量化后形成，属性挂接为GPS定点的坐标。

牡丹区耕地地力评价与甜瓜种植专题报告

牡丹区薄皮甜瓜种植面积有 8 000hm²，是国内薄皮甜瓜种植面积较大的地区。产品远销十几个省区市，经济效益好，农民种植积极性高。但是近几年来，由于群众片面追求产量与效益，盲目施肥现象较严重，为了促进牡丹区甜瓜产业的稳定健康发展，解决盲目施肥问题，对牡丹区甜瓜种植区地力进行了调查与质量评价。摸清了全区甜瓜生产能力、土壤肥力状况、土壤障碍因素，分析了甜瓜种植区存在的问题，找出了解决问题的方法。牡丹区甜瓜地力调查与质量评价为全区甜瓜产业的可持续发展、指导农民科学施肥、提高甜瓜产量与质量、增加农民收入、减少肥料等资源浪费提供了科学依据。对防止土壤退化和污染，加强农业生态环境建设具有重要意义。

一、甜瓜种植现状

（一）甜瓜种植区域及土壤状况

牡丹区甜瓜主要种植区域分布在以万福办事处为中心周边乡镇，包括吕陵、吴店、高庄 3 个乡镇，面积有 8 000hm²，平均单产 37 500kg/hm²。近两年由于甜瓜种植效益好，马岭岗、都司两乡镇也开始有小面积种植。

该区域土壤为轻壤质沙腰潮土，耕层结构较好，土层深厚松紧较适中，通气强，物理性能好，速效养分含量高，属牡丹区一级耕地，是高产稳产农田。但是，该土种由于地下水位较高，在排水不畅的确情况下，常造成地表积盐，盐化威胁较大。

（二）甜瓜种植模式及施肥现状

牡丹区甜瓜种植大都采用水稻—甜瓜轮作的种植模式。这种模式有利于减轻甜瓜病害的发生。由于引起植物病害的大部分病菌是好氧性，在厌氧的情况下一般不能成活，通过种植水稻可以减轻病害的发生。

甜瓜种植区施肥现状：水稻施肥习惯是不施有机肥，施纯 N 495kg/hm²、P_2O_5 172.5kg/hm²、K_2O 67.5kg/hm²，氮、磷、钾总量为 735kg/hm²，N：P_2O_5：K_2O＝1：0.35：0.14。施用肥料品种有尿素、磷酸二铵、过磷酸钙及含氯的三元复合肥料。肥料一般分 2 次施入，1 次做基肥，1 次做追肥。基肥 N 207kg/hm²＋P_2O_5 172.5kg/hm²＋K_2O 67.5kg/hm²，追肥施纯 N 288kg/hm²。甜瓜施肥习惯是前茬作物水稻的根茬留在地里，水稻根留茬的高度有 5cm，同时施用生鸡粪 30 000kg/hm²，施 N 276.75kg/hm²、P_2O_5 225kg/hm²、K_2O 225kg/hm²，氮、磷、钾总量为 726.75kg/hm²，N：P_2O_5：K_2O＝1：0.81：0.81。甜瓜施用肥料的品种主要有尿素、磷酸二铵、硫酸钾及硫酸钾复合肥料。肥料一般分 2～3 次施入。生鸡粪、全部磷、钾肥及 80％的氮肥做基肥，20％左右的氮肥做追肥，在第一茬瓜膨大时，追尿素 24kg/hm²，头茬瓜采收后追尿素 27.6kg/hm²。

二、甜瓜种植区地力调查与质量评价

调查方法与内容。

结合耕地地力评价工作，对甜瓜种植区进行单独评价。

1. 评价点的确定

结合牡丹区耕地地力评价工作，在甜瓜种植较集中的 4 个乡镇进行布点、采样。布点充分考虑了评价点的代表性和均匀性，评价点具有所在评价单元所表现特征最明显、最稳定、最具典型的性，避免各种非调查因素的影响。按照这一原则按 16.7hm² 1 个采样点的密度要求，确定总采样点为 400 个。

2. 采样时间

甜瓜种植区采样时间按排在水稻收获后进行。

3. 采样方法

在具体地块取样首先用 GPS 定位仪，确定准确地理位置。耕层深度为 0～20cm，亚耕层采样深度为 20～40cm，在取样地块用"S"法，均匀随机采取 15 个采样点，土样混合后用四分法留取 1kg，写好标签装入取土袋中取土过程中全部采用不锈钢土钻，以减少取样误差。打环刀测容重第一层在 0～10cm，第二层 10～20cm，第三层 20～30cm，每层打 3 刀。

4. 调查内容

在所要调查取样的地块，在用 GPS 确定坐标后向户主了解具体情况，填写《甜瓜地采样点基本情况调查表》《甜瓜地采样点农户调查表》，野外调查内容经技术人员审核后，录入耕地地力评价数据库。

三、土壤养分现状

对所取的 400 样点进行分析，分析出牡丹区甜瓜种植区土壤养分现状（表 1）。分析项目有常规化验 pH 值、有机质、全氮、速效氮、速效磷、缓效钾，中量元素钙、镁、硫、硅，微量元素铁、锰、铜、锌、硼、钼，容重及阳离子交换量。测试分析时采用国家标准，以标准土样为基准，控制分析误差。

表 1 牡丹区甜瓜种植区土壤耕层养分检测结果

项目	变化范围	平均值（或众数）	全区平均值（或众数）	样本数
有机质（g/kg）	10.8～24.9	12.9	13.8	400
全氮（g/kg）	0.79～1.28	1.03	0.95	400
水解氮（mg/kg）	51.4～105.7	74.8	86	400
有效磷（mg/kg）	19.2～87.3	42.0	22.63	400

（续表）

项目	变化范围	平均值 （或众数）	全区平均值 （或众数）	样本数
缓效钾（mg/kg）	603～871	758	858	400
速效钾（mg/kg）	60～196	128	122	400
有效铁（mg/kg）	5.32～17.05	10.76	12.69	400
有效锰（mg/kg）	1.80～20.50	6.91	8.23	400
有效铜（mg/kg）	0.89～5.10	1.37	1.88	400
有效锌（mg/kg）	0.3～2.78	0.82	1.15	400
有效硼（mg/kg）	0.11～0.63	0.35	0.77	400
pH 值	7.53～8.04	8.20	8.14	400
容重	1.25～1.42	1.36	1.30	100

（一）耕地地力分级

根据此次化验调查分析结果，按照农业部1997年颁布的"全国耕地类型区耕地地力等级划分"农业行业标准。该标准根据粮食单产水平将全国耕地地力划分为10个等级。年单产大于13 500kg/hm² 为1等地，小于1 500kg/hm² 为10等地，级差1 500kg/hm²。牡丹区甜瓜种植区属1级地。

（二）耕地养分分析

从甜瓜土壤耕层养分总体水平看，得出以下结论。

①大量元素中有机质、水解氮、缓效钾低于全区耕地平均水平，有机质低与常年没有进行秸秆还田、有机肥施用量偏低有直接关系。②水解氮低与水稻田积水氮流失有关系。③缓效钾低与甜瓜对钾的需求量大，与甜瓜种植模式中钾肥的施用总量低有关。④微量元素含量均低于全区大田微量元素含量，这与这种种植模式下作物对微量元素的需求量大，磷肥施用量大等因素有直接关系。⑤pH值较全区大田值高，这与该区域土壤质地偏碱有关。⑥土壤容重较全区平均值高，与该种植模式下一直采用旋耕的耕作模式有关。

四、存在的问题

从养分分析结果及施肥习惯调查可以得出甜瓜种植中存在着以下问题。

第一，有机肥施肥种类和数量：甜瓜种植中施用的生鸡粪，没有经过充分的腐熟与发酵，给甜瓜生产带来大量的病原菌，给甜瓜生产中病害的发生提供了菌源，不利于甜瓜生产。由于生鸡粪没有发酵腐熟，生鸡粪的作用在当季没有得到发挥，甜瓜的产量没有提高，品质没有改善。

第二，由于甜瓜种植前茬为水稻，没有秸秆还田，土壤有机质低，每公顷只施用30 000kg鸡粪总量偏少。

第三，磷肥施用量偏大，造成不必要的资源浪费。农民在种植水稻时已经施用了大量的磷肥，到甜瓜种植时应根据土壤养分情况，科学合理施肥。

第四，没有注重微量元素的施用，特别是硼、锌的施用，导致甜瓜产量、品质都没有达到预期效果。

第五，耕作方式有待改善。常年使用旋耕机旋地，造成土壤容重增加，土壤透气性差，保肥保水能力降低，病害发生严重。

五、对策与建议

通过对牡丹区甜瓜地力调查，弄清了本区甜瓜种植区土壤的理化性状及肥力状况，找出了土壤的限制因素和增产潜力，为牡丹区甜瓜土壤的改良利用，科学指导施肥提供了可靠依据，根据调查结果，确定2015年工作重点。

（一）推广配方施肥，提高肥料利用率

甜瓜要求在生育期内氮、磷、钾肥持续不断地供应。对氮、磷、钾三要素吸收的比例约为 $2:1:3.7$，每生产1 000kg甜瓜，需吸收氮 $2.5\sim3.5$kg，磷 $1.3\sim1.7$kg，钾 $4.4\sim6.8$kg。

根据甜瓜种植区生产实际，确定甜瓜地施肥措施：增施有机肥、选择适宜的肥料品种，合理施用氮肥、控制磷肥施用量，补充钾、微肥。

第一，增施有机肥、选择适宜的肥料品种。由于土壤中90%的微量元素是通过施用有机肥料来提供的，有机肥不仅含有丰富的有机质，有机肥中有机质的多少及其腐熟程度，影响着土壤的保水、保肥和供肥能力，以及对土壤酸碱度变化的缓冲能力。施用有机肥是现代农业持续发展的重要基础，将动物排泄物与植物秸秆充分发酵腐熟后施入农田，既解决了动物粪便二次污染问题，又提高了有机肥的质量，改善了物理性状，使用更加方便。

建议使用生物剂菌对生鸡粪进行充分发酵，发酵温度70℃以上，保持10天左右，翻倒3次再施入农田。施用量由现在的30 000kg/hm²调整为120 000/hm²。

第二，选择适宜的肥料品种：由目前的施用无机肥料改为施用配方合理的含腐殖酸有机—无机复混肥料。充分利用腐殖酸对土壤的改良作用，改良目前土壤偏碱的状况。

在选用复合（混）肥时要根据甜瓜对养分的需求及土壤养分含量科学合理地选用配方肥料，不要选择配比为 $1:1:1$ 的复合（混）肥。

第三，合理施用氮肥、控制磷肥、氮肥施用过量，导致植物营养生长过旺盛，易发生病虫害、降低产品品质及污染地下水等不良后果；磷肥过多易引起铁、锌等微量元素缺乏。建议种植甜瓜时整个生育期氮（N）、磷（P_2O_5）的施用量控制在 274.5kg/hm²、192kg/hm²。

第四，补充钾、微肥。钾在植物体内不形成任何有机化合物，但它直接或间接参与植物的代谢过程，可以增强作物的抗逆性、消除氮、磷肥施用过量的不良影响。施肥量的确定应以测土配方施肥技术推荐量为指导，因缺补充。建议甜瓜种植时钾肥（K_2O）的施用量为270kg/hm²。

根据土壤中微量元素含量确定需要补充的微量元素品种及数量。特别要注意硼肥和锌肥的施用。做基肥施用时，一般将微肥与细干土搅拌均匀，在播种前施于土壤中，进行耕翻。也可进行叶面追肥。

（二）采用合理的耕作模式

增加土壤的透气性。目前的甜瓜种植区多年来一直采用旋耕的方式进行土壤耕作，土壤板结严重，土壤容重增加，透气性差，病害严重。建议采用深翻与旋耕相结合的耕作方式，每 3 年深翻 1 次。

（三）建立土壤监测制度

在甜瓜种植区对肥料使用和土壤质量进行全程监控，建立健全土壤农化监测和信息管理体系、土肥新技术、新产品试验示范体系，加强地力建设，达到提高肥料利用率和农产品品质，促进甜瓜生产可持续发展的目的。

建议在甜瓜种植区建立长期定点监测土壤养分含量，掌握其变化动态，以利于土壤养分状况向良性发展。

牡丹区土壤有机质状况与提升技术专题报告

作物生长发育需要光热、温度、空气、水分和养分，土壤养分是作物生长的物质基础。其含量的多少，是土壤肥力因素中最重要的因素。土壤肥力就是作物在生长发育过程中，土壤不断调节和供应水分、养分、空气和热量的能力。土壤养分丰缺程度是影响作物产量和品质的重要因子，是指导科学施肥的依据。

一、土壤有机质的作用

1. 提供植物需要的养分

土壤有机质含有植物需要的大量元素和微量元素，尤其是碳、氮、硫、磷的含量很高。

2. 促进土壤养分的有效化

在土壤有机质的分解与合成过程中，常产生多种有机酸和腐植酸，它们能溶解土壤矿物，促进其风化和释放养分；能提高土壤微生物的活性，从而加快土壤养分的释放与转化。

3. 提高土壤的保肥性和对酸、碱的缓冲性

腐殖物质是两性胶体，带大量负电荷和一定量的正电荷。因此，能吸附大量的阳离子，如 K^+、NH_4^+、Ca^{2+}、Mg^{2+} 等，也能吸附一些阴离子，大大减少了离子的随水流失，提高了土壤对施入肥料的保肥性能。腐植酸含有许多酸性功能团和碱性功能团，虽然总体上显弱酸性，但对外来酸和碱都有很强的缓冲能力。

4. 减轻重金属和农药的危害

腐殖物质的多种功能团对重金属有很强的络合与富集作用，从而能随水移出土体，减轻危害。土壤腐殖物质对农药等有机污染物也有很强的亲和力，结合物同样可以随水移出土体，其中富里酸的此种功能更强。

5. 改善土壤结构，增强土壤蓄水通气性能

有机质的黏结性比沙粒大、比黏粒小，能使各类土壤都形成较好而稳定的结构体，改善土壤的大、小孔隙比例和黏结性、黏着性、可缩性和涨缩性，降低黏质土的耕作阻力、提高耕作质量、扩大宜耕期。有机质能增加沙土的小孔隙，提高沙土的蓄水力；有机质能增加黏土的大孔隙、减少小孔隙。大孔隙既增强土壤的通透性，也提高土壤对外来水分的入渗率，而减少小孔隙就减少了毛管水的蒸发损失，也提高了黏质土的保水能力。

二、牡丹区土壤有机质的现状

根据牡丹区耕地地力评价结果，缺乏有机质的耕地面积 19 154.65hm²，占耕地总面积的 20.07％；全区耕地土壤有机质平均 13.8g/kg，变幅为变幅 3.2～33.3g/kg，含量在 12～15g/kg 的面积占 41.11％，含量小于 8～10g/kg 的面积占 1.71％。土壤有机质含量及分级如表 1、表 2 和表 3 所示。

表 1 耕层土壤有机质分级及面积

级别	1	2	3	4	5	6	7
范围（g/kg）	＞20	15～20	12～15	10～12	8～10	6～8	＜6
耕地面积（hm²）	581.08	30 970.54	39 229.34	18 326.41	4 690.37	1 545.42	88.28
占耕地比例（％）	0.62	32.45	41.11	19.20	4.91	1.62	0.09

样本数：8 163 个

表 2 不同轮作模式土壤有机质含量状况　　　　　　（单位：mg/kg）

利用类型	平均值	最大值	最小值	标准差	变异系数
小麦—玉米	12.41	17.32	3.20	2.28	18.35
小麦—棉花	12.47	19.90	4.12	1.94	15.54
蔬菜	14.86	33.3.	7.39	4.13	27.83

样本数：8 163 个

表 3 不同土壤类型土壤有机质含量状况　　　　　　（单位：mg/kg）

土壤类型	平均值	最大值	最小值	标准差	变异系数
沙壤	11.8	21.45	3.20	1.98	16.76
轻壤	12.62	24.21	4.48	2.06	16.35
中壤	13.17	22.04	6.76	2.00	15.20
重壤	13.18	33.30	8.05	2.46	18.67

样本数：8 163 个

牡丹区土壤有机质分布图及分级如下。

从区域分布来看，东部乡镇如沙土、皇镇、胡集及小留等土壤有机质含量较低，其他乡镇相对较高。总之，牡丹区土壤有机质含量属中等偏低水平。土壤有机质的含量取决于年生成量和年矿化量的相对大小，当生成量大于矿化量时，有机质含量会逐步增加，反之，将会逐步降低。土壤有机质矿化量主要受土壤温度、湿度、通气状况、有机质含量等因素影响。一般来说，土壤温度低、通气性差、湿度大时，土壤有机质矿化量较低；相反，土壤温度高、通气性好、湿度适中时则有利于土壤有机质的矿化。农业生产中应注意创造条件，减少土壤有机质矿化量。

长期以来，牡丹区在耕地开发利用上重利用，轻培肥，重化肥，轻有机肥，虽然全区化肥的施用量逐年增加，但有机肥投入量却逐年减少，且投入的化肥以氮、磷肥

牡丹区土壤有机质含量分布图

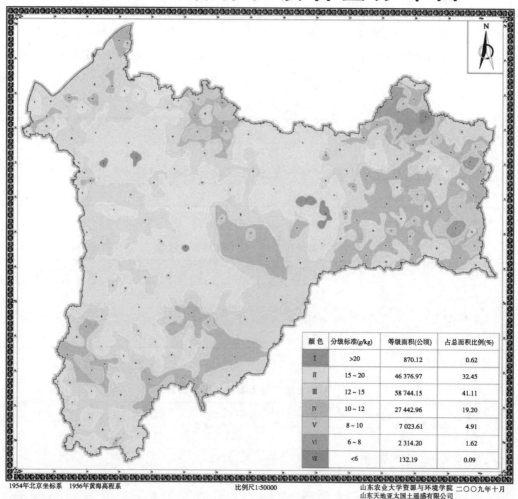

颜色	分级标准(g/kg)	等级面积(公顷)	占总面积比例(%)
I	>20	870.12	0.62
II	15~20	46 376.97	32.45
III	12~15	58 744.15	41.11
IV	10~12	27 442.96	19.20
V	8~10	7 023.61	4.91
VI	6~8	2 314.20	1.62
VII	<6	132.19	0.09

1954年北京坐标系　1956年黄海高程系　　　　　比例尺1:50000　　　　　山东农业大学资源与环境学院　二○○九年十月
　　　　　　　　　　　　　　　　　　　　　　　　　　　　　　　　　　　　山东天地亚太国土遥感有限公司

为主，引起土壤养分特别是有机质含量的下降和矿质养分的失衡，导致耕地肥力下降。全区具有土壤养分含量限制性因素，其中缺乏有机质的耕地面积为 19 154.65hm²，占耕地总面积的 20.07%，因此，要持续提高中低产耕地的基础地力，为农作物生长创造高产基础，必须将用地与养地妥善结合起来，广辟有机肥源，重视有机肥的施用，同时利用耕地调查评价成果，科学指导化肥的调配，采用科学优化平衡施肥，重视合理增施有机肥，不断培肥地力。

三、增加土壤有机质的途径及技术

增加有机物质施入量是人为增加土壤有机质含量的主要途径，其方法主要有秸秆还田、增施有机肥、施用商品有机无机复混肥等。

秸秆还田是提升土壤有机质的一个重要途径，作物秸秆中含有大量有机质，例如麦秸有机质含量达 95.7％，玉米秸有机质含量达 93.8％。牡丹区每年生产秸秆 67.14 万 t 左右，除去造纸、发展畜牧业、养殖等，每年约有 1/3 的秸秆堆在田间地头，既占地、影响农村环境，又存在火灾隐患，还浪费了宝贵的秸秆资源。通过腐熟剂把剩余秸秆堆肥或直接还田，既可充分利用有机肥源，又能培肥地力，提高耕地质量，保护生态环境。为此，我们就提高土壤有机质含量进行了试验。

通过试验，探索出了秸秆腐熟还田、秸秆机械粉碎直接还田、增施商品有机肥 3 种模式，对提高土壤有机质和作物产量的基础数据。研究出了秸秆堆沤还田及秸秆直接还田的使用技术及作物的增产机制、土壤理化性状的动态变化规律，为大面积开展提升土壤有机质提供了技术支撑。同时改变了群众传统沤制习惯，提高了农技人员和广大群众的技术水平，取得了明显的经济、生态和社会效益。

（一）主要实施技术措施

针对牡丹区农作物秸秆大量闲置浪费，土壤有机质含量偏低的实际情况，找出二者的切入点。本站农技人员多次深入到乡镇、村、农户进行走访座谈，根据群众对秸秆的利用习惯及接受能力，在总结群众经验的基础上，探索出了秸秆腐熟还田、秸秆机械粉碎直接还田、增施商品有机肥 3 种模式，并对 3 种模式的优缺点及注意事项进行了综合研究分析。

1. 秸秆腐熟还田模式

秸秆堆沤腐熟是微生物分解有机物的过程。秸秆的基本成分是纤维素半纤维素和木质素。秸秆的堆沤腐解分为 3 个时期：即糖分解期（堆沤初期）、纤维素分解期（堆沤中期）、木质素分解期（堆沤后期）。堆沤过程中微生物变化模式如图 1 所示。

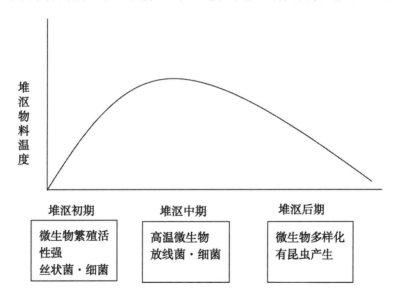

图 1　堆沤过程微生物变化模式

（1）秸秆腐熟还田技术要点

①微生物营养源 C：N 的调控。秸秆堆沤需要人为调控，从而为微生物提供一个良

好的生存环境。环境调控的关键是控制微生物营养源的 C：N 和含水量。C：N 过低，在有机物料分解过程中将产生大量的 NH_3，腐臭强烈，并导致氮元素损失，降低堆肥肥效。C：N 过高，氮素养分相对缺乏，细菌、丝状菌、放线菌和担子菌等微生物的繁殖活性受到抑制，有机物分解速度减慢，堆肥时间过长，同时也容易引起堆腐产物的 C：N 过高，施入土壤可能导致土壤的"氮营养饥饿"，危害作物生长。当 C：N 为（20～30）：1 时，水分含量 60% 是堆沤最适宜的条件。

②水分和空气。适宜的水分含量和空气条件对秸秆的堆沤是非常重要的。水分含量过高，形成厌氧环境，好氧菌繁殖受到抑制，容易产生堆腐臭和养分损失。水分过低也会抑制微生物活性，使分解过程减慢。通常适宜的水分含量在 60% 左右。空气条件同样影响微生物活性。氧气不足，影响微生物对秸秆的氧化分解过程。通气性过大，容易引起水分蒸发，形成过度干燥条件，也会抑制微生物活性。较为适宜的秸秆堆沤容积比为固体 40%、气体 30%、水分 30%。

③温度。秸秆腐熟堆沤微生物活动需要的适宜温度为 40～65℃。保持堆肥温度 55～60℃ 一个星期左右，可促使高温微生物强烈分解有机物；然后维持堆肥温度 40～50℃，以利于纤维素分解，促进氨化作用和养分的释放。使秸秆快速熟化，并能高温杀灭堆沤物中病原菌和杂草种子。

④pH 值。大部分微生物适合在中性或微碱性（pH 值 6～8）条件下活动。秸秆堆沤必要时要加入相当于其重量 2%～3% 的石灰或草木灰调节其 pH 值。加入石灰或草木灰还可破坏秸秆表面的蜡质层，加快腐熟进程。也可加入一些磷矿粉、钾镁肥等用于调节 pH 值。

（2）秸秆堆沤方法。秸秆的堆沤利用夏季高温多雨的有利条件进行田间堆腐秸秆。堆宽 1.5m，堆高 1.2～1.5m，长度视空间和秸秆数量确定。将秸秆集中到田间地头加足水，秸秆含水量控制在 50%～60%（捏之手湿，指缝间有水挤出）分层堆沤，每层厚度约 20cm 左右，铺完一层后将腐熟剂均匀撒在秸秆上，再铺第二层秸秆，然后撒施尿素，再铺一层秸秆，撒施腐熟剂，依次进行。每 1 333.4m² 堆一堆，每堆秸秆量 800～1 000kg，每堆撒施 2kg 腐熟剂，再加 5kg 尿素。堆完后用泥土或塑料薄膜将整堆秸秆封严，15～20d，待秸秆腐熟后撒入田内或秋季耕翻时作基肥使用。

（3）利弊分析。利用腐熟剂堆肥比常规堆肥法堆制时间短，堆肥质量高，但费工费时，工作量大，大面积推广有难度，应根据群众的自愿，在劳力集中的地方实行。

2. 秸秆直接还田模式

（1）技术要点。牡丹区主要种植制度是小麦—玉米，一年两熟。秸秆直接还田的作业流程：小麦联合收割机收获小麦—小麦秸秆粉碎覆盖还田—用免耕技术播种玉米—生长期化学除草和玉米根部施肥—玉米摘穗收获—玉米秸秆机械粉碎覆盖还田—深耕或旋耕播种小麦。

（2）优缺点及注意事项。秸秆直接还田模式，省工省时，群众乐于接受，易大面积推广。小麦秸秆还田，铺于田内的秸秆保持了土壤湿度，抑制了部分杂草生长，营造出了有利于棉花、玉米生长的小气候。从试验情况看，小麦秸秆直接还田与对照相比，棉花苗期长势稳健，叶色浓绿，单株增加棉系 1～2 条。缺点是秸秆还田为病虫害提供了栖息和越冬场所，因此凡有病虫害严重发生的秸秆都不能进行秸秆还田。杂草是农业生产的大敌，它与作物争水、肥和光能，侵占地上部和地下部空间，影响作物光合作用，降低作物产量和品质。杂草还是病虫害的中间寄主。虽然小麦秸秆能减少杂草 40%～50%，但仍有部分杂草滋生，所以在喷施除草剂时，应适当加大除草剂用药量和喷水量，或在 7 月中旬及时中耕翻压。玉米秸秆还田从近几年实践情况看，本区玉米收获距小麦播种一般有半个月左右的时间，这期间玉米秸秆已基本腐烂，对小麦播种无不利影响。对个别因玉米收获过晚，或玉米收获秸秆还田后直接播种的，一定要将玉米秸秆粉碎，粉碎程度 10～15cm，如果一次不行，可连续粉碎 2～3 次，否则影响小麦出苗质量。应适当加大播种量。另外，玉米秸秆还田的地块，底肥要增施 75kg/hm² 左右的尿素。

3. 增施商品有机肥

有机肥据其来源、特性和积制方法一般分为 5 类：一是粪尿类；二是堆沤肥类；三是绿肥类；四是杂肥类；五是商品有机肥。根据本区情况，除堆沤肥和秸秆还田外，就是施用商品有机肥。

施用商品有机肥其优点是省工省时，易于操作。缺点是：价格较高，增加农民负担。

（二）试验效果

1998—2000 年对秸秆腐熟还田、秸秆直接还田和施用商品有机肥连续 3 年进行定点检测，其有机质监测结果如表 4 所示。

表 4　秸秆腐熟还田、秸秆直接还田和施用商品有机肥 3 年定点检测结果

地点	农户姓名	土壤质地	处理	实物量（kg/hm²）	有机质含量（g/kg）		
					1998 年	1999 年	2000 年
吴店	冯青豪	中壤	秸秆堆沤还田	16 000	15.1	15.33	15.64
			秸秆直接还田	16 000	15.1	15.32	15.62
			施商品有机肥	1 500	15.1	15.12	15.14
			不施有机肥	0	15.1	15.08	15.1
黄岗	杜庆民	轻壤	秸秆堆沤还田	16 000	12.32	12.48	12.63
			秸秆直接还田	16 000	12.32	12.46	12.59
			施商品有机肥	1 500	12.32	12.35	12.37
			不施有机肥	0	12.32	12.27	12.29
皇镇	周天岭	沙壤	秸秆堆沤还田	16 000	11.4	11.56	11.62
			秸秆直接还田	16 000	11.4	11.54	11.59
			施商品有机肥	1 500	11.4	11.42	11.44
			不施有机肥	0	11.4	14.4	11.28

从试验结果看，秸秆腐熟还田、秸秆直接还田与增施有机肥对土壤有机质提高都

有效果,其提高效果为:秸秆腐熟还田>秸秆直接还田>增施有机肥。并且,随着施用年限的增加,其增加速度也随之提高。从实验产量看,当季作物都有一定的增产效果。小麦秸秆腐熟还田,玉米一般可增产 3.5%~5.4%,小麦秸秆直接还田,玉米一般可增产 2.5%~5.1%;玉米秸秆直接还田,小麦可增产 3.5%~5.7%。同时可不同程度地提高土壤全氮及其他速效养分的含量,降低土壤容重,改善土壤理化性状。

四、主要经济、社会、生态效益

(一)经济效益

①节肥。由于有机质中含有作物生长需要的营养元素,供植物生长需要,因此单位面积可减少化肥使用量的 10%~20%。②增加作物产量。从试验看小麦平均增产 3.7%,667m² 增产 16.8kg,玉米平均增产 4.2%,667m² 增产 19.2kg。③节水。由于有机质的增加,增强了土壤保水保肥能力,取得了良好的经济效益。

(二)社会效益

不断提高了农技人员知识水平,而且改变了群众传统的沤制有机肥的习惯,提高了群众认识能力,农技推广部门、腐熟剂生产企业、农民三者之间的联系桥梁更加通畅。

(三)生态效益

该模式的长期推广,将极大地提高土壤有机质含量,改善土壤理化性状,并可逐步减少化肥的施用量,减轻了农业面源污染,有效改善农产品品质。

五、实施过程中存在的主要问题

第一,群众的认识能力有待提高,有个别农户不按规程操作,堆制的质量不高。

第二,秸秆堆腐劳动强度大,应在秸秆丰富、劳动力富余及水源条件好的地方施行。

第三,玉米秸秆机械粉碎直接还田,最好距小麦播种 10d 或 15d 以上进行,期间干旱应及时浇水,否则影响小麦播种质量。

第四,应用效果需要长期定位观测,秸秆还田对土壤有机质、土壤养分及理化性状的影响是一个长期的、缓慢的变化过程。

附 图

牡 丹 区 地 貌 图

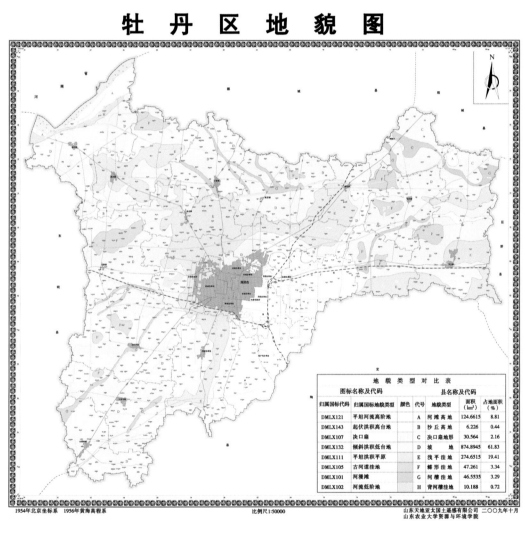

地 貌 类 型 对 比 表						
图标名称及代码			县名称及代码			
归属国标代码	归属国标地貌类型	颜色	代号	地貌类型	面积（km²）	占地面积（%）
DMLX121	平坦河流高阶地		A	河滩高地	124.6615	8.81
DMLX143	起伏洪积高台地		B	沙丘高地	6.226	0.44
DMLX107	决口扇		C	决口扇地形	30.564	2.16
DMLX132	倾斜洪积低台地		D	坡 地	874.8945	61.83
DMLX111	平坦洪积平原		E	浅平洼地	274.6515	19.41
DMLX105	古河道洼地		F	蝶形洼地	47.261	3.34
DMLX101	河漫滩		G	河槽洼地	46.5535	3.29
DMLX102	河流低阶地		H	背河槽洼地	10.188	0.72

1954年北京坐标系　1956年黄海高程系

比例尺1:50000

山东天地亚太国土遥感有限公司　二〇〇九年十月
山东农业大学资源与环境学院

1

牡丹区耕地地力评价图

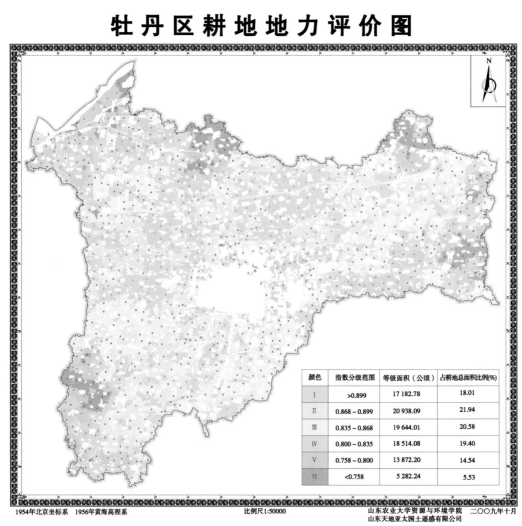

颜色	指数分级范围	等级面积（公顷）	占耕地总面积比例(%)
Ⅰ	>0.899	17 182.78	18.01
Ⅱ	0.868～0.899	20 938.09	21.94
Ⅲ	0.835～0.868	19 644.01	20.58
Ⅳ	0.800～0.835	18 514.08	19.40
Ⅴ	0.758～0.800	13 872.20	14.54
Ⅵ	<0.758	5 282.24	5.53

1954年北京坐标系 1956年黄海高程系 比例尺1:50000 山东农业大学资源与环境学院 二〇〇九年十月
山东天地亚太国土遥感有限公司

牡 丹 区 土 壤 pH 值 分 布 图

颜色	分级标准	等级面积（公顷）	占总面积比例（％）
I	>8.5	0	0
II	7.5～8.5	142 904.2	100

1954年北京坐标系　1956年黄海高程系　　　　　比例尺1:50000　　　　　山东农业大学资源与环境学院　二〇〇九年十月
山东天地亚太国土遥感有限公司

牡丹区土壤缓效钾含量分布图

颜色	分级标准(mg/kg)	等级面积(公顷)	占总面积比例(%)
Ⅰ	>1 200	1 536.6	1.08
Ⅱ	900~1 200	52 294.42	36.59
Ⅲ	750~900	63 326.12	44.31
Ⅳ	500~750	25 757.06	18.02

1954年北京坐标系　1956年黄海高程系　　　　比例尺1:50000　　　　山东农业大学资源与环境学院　二〇〇九年十月
山东天地亚太国土遥感有限公司

牡 丹 区 土 壤 碱 解 氮 含 量 分 布 图

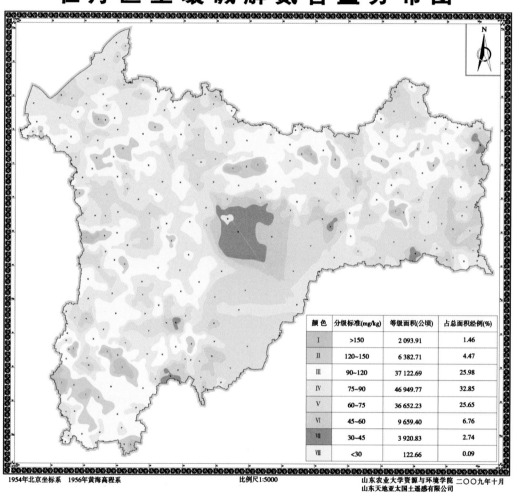

颜 色	分级标准(mg/kg)	等级面积(公顷)	占总面积经例(%)
I	>150	2 093.91	1.46
II	120~150	6 382.71	4.47
III	90~120	37 122.69	25.98
IV	75~90	46 949.77	32.85
V	60~75	36 652.23	25.65
VI	45~60	9 659.40	6.76
VII	30~45	3 920.83	2.74
VIII	<30	122.66	0.09

1954年北京坐标系　1956年黄海高程系　　　　　　比例尺1:5000　　　　　　山东农业大学资源与环境学院　二〇〇九年十月
山东天地亚太国土遥感有限公司

牡 丹 区 土 壤 交 换 性 镁 含 量 分 布 图

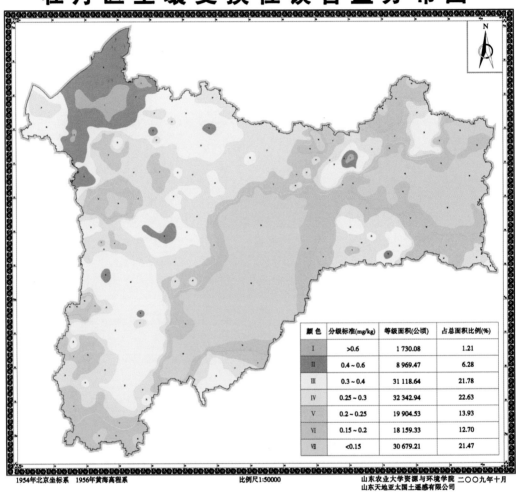

颜色	分级标准(mg/kg)	等级面积(公顷)	占总面积比例(%)
I	>0.6	1 730.08	1.21
II	0.4～0.6	8 969.47	6.28
III	0.3～0.4	31 118.64	21.78
IV	0.25～0.3	32 342.94	22.63
V	0.2～0.25	19 904.53	13.93
VI	0.15～0.2	18 159.33	12.70
VII	<0.15	30 679.21	21.47

1954年北京坐标系　1956年黄海高程系　　　　　　比例尺1:50000　　　　　　山东农业大学资源与环境学院　二〇〇九年十月
山东天地亚太国土遥感有限公司

牡丹区土壤交换性钙含量分布图

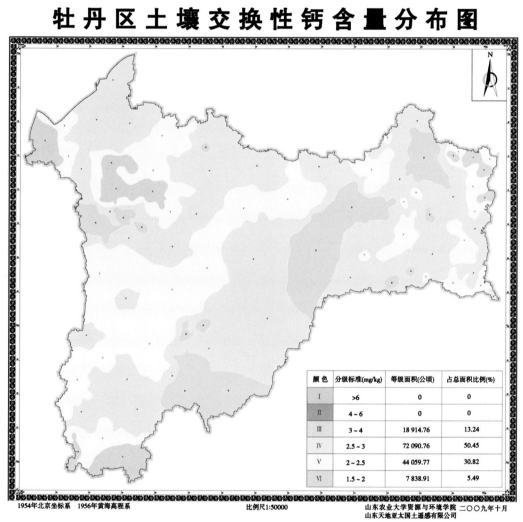

颜色	分级标准(mg/kg)	等级面积(公顷)	占总面积比例(%)
Ⅰ	>6	0	0
Ⅱ	4～6	0	0
Ⅲ	3～4	18 914.76	13.24
Ⅳ	2.5～3	72 090.76	50.45
Ⅴ	2～2.5	44 059.77	30.82
Ⅵ	1.5～2	7 838.91	5.49

1954年北京坐标系　1956年黄海高程系　　　　　　比例尺1:50000　　　　　　山东农业大学资源与环境学院　二〇〇九年十月
山东天地亚太国土遥感有限公司

牡丹区土壤全氮含量分布图

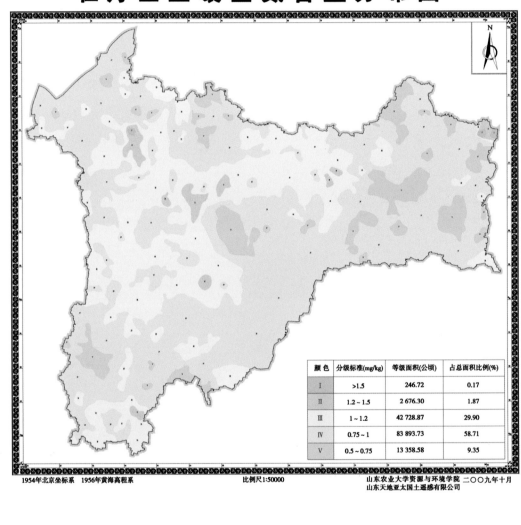

颜 色	分级标准(mg/kg)	等级面积(公顷)	占总面积比例(%)
Ⅰ	>1.5	246.72	0.17
Ⅱ	1.2 ~ 1.5	2 676.30	1.87
Ⅲ	1 ~ 1.2	42 728.87	29.90
Ⅳ	0.75 ~ 1	83 893.73	58.71
Ⅴ	0.5 ~ 0.75	13 358.58	9.35

1954年北京坐标系　1956年黄海高程系　　　　比例尺1:50000　　　　山东农业大学资源与环境学院　二〇〇九年十月
山东天地亚太国土遥感有限公司

牡丹区土壤速效钾含量分布图

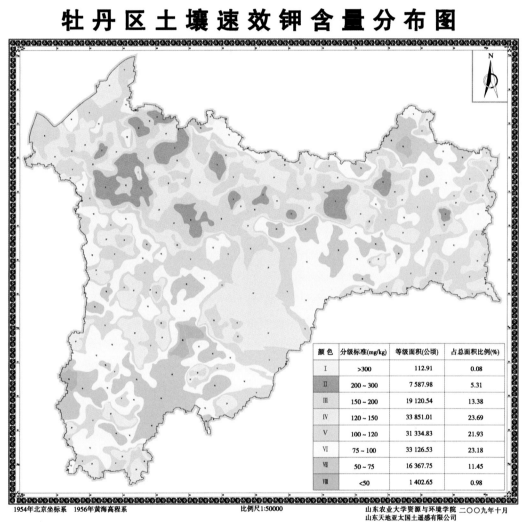

颜色	分级标准(mg/kg)	等级面积(公顷)	占总面积比例(%)
I	>300	112.91	0.08
II	200～300	7 587.98	5.31
III	150～200	19 120.54	13.38
IV	120～150	33 851.01	23.69
V	100～120	31 334.83	21.93
VI	75～100	33 126.53	23.18
VII	50～75	16 367.75	11.45
VIII	<50	1 402.65	0.98

1954年北京坐标系　1956年黄海高程系　　　　　比例尺1:50000　　　　　山东农业大学资源与环境学院　二〇〇九年十月
山东天地亚太国土遥感有限公司

牡 丹 区 土 壤 有 机 质 含 量 分 布 图

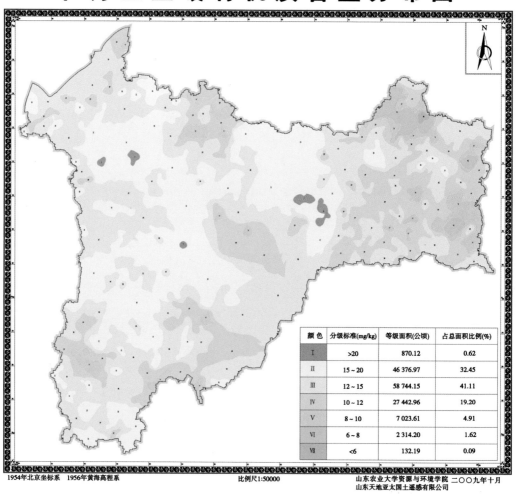

颜 色	分级标准(mg/kg)	等级面积(公顷)	占总面积比例(%)
I	>20	870.12	0.62
II	15~20	46 376.97	32.45
III	12~15	58 744.15	41.11
IV	10~12	27 442.96	19.20
V	8~10	7 023.61	4.91
VI	6~8	2 314.20	1.62
VII	<6	132.19	0.09

1954年北京坐标系　1956年黄海高程系　　　　　　比例尺1:50000　　　　　山东农业大学资源与环境学院　二〇〇九年十月
山东天地亚太国土遥感有限公司

牡丹区土壤有效硅含量分布图

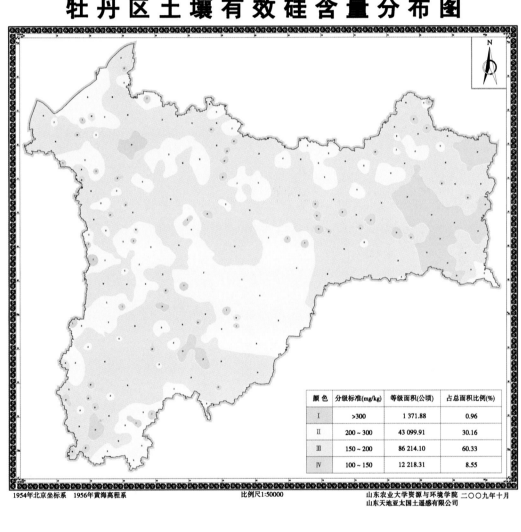

颜 色	分级标准(mg/kg)	等级面积(公顷)	占总面积比例(%)
I	>300	1 371.88	0.96
II	200～300	43 099.91	30.16
III	150～200	86 214.10	60.33
IV	100～150	12 218.31	8.55

1954年北京坐标系　1956年黄海高程系　　　　比例尺1:50000　　　　山东农业大学资源与环境学院　二〇〇九年十月
山东天地亚太国土遥感有限公司

牡丹区土壤有效磷含量分布图

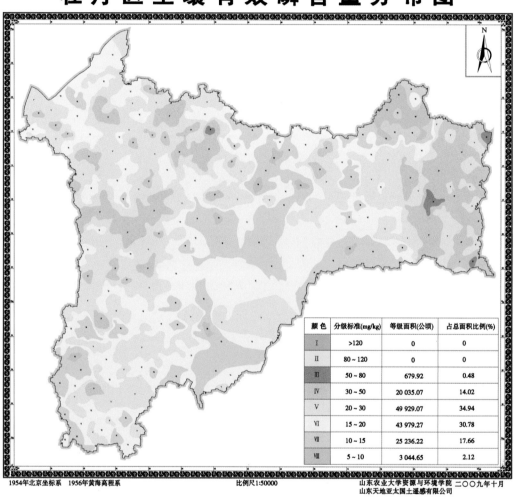

颜 色	分级标准(mg/kg)	等级面积(公顷)	占总面积比例(%)
I	>120	0	0
II	80~120	0	0
III	50~80	679.92	0.48
IV	30~50	20 035.07	14.02
V	20~30	49 929.07	34.94
VI	15~20	43 979.27	30.78
VII	10~15	25 236.22	17.66
VIII	5~10	3 044.65	2.12

1954年北京坐标系　1956年黄海高程系　　　　　　比例尺1:50000　　　　　　　山东农业大学资源与环境学院　二〇〇九年十月
山东天地亚太国土遥感有限公司

牡丹区土壤有效硫含量分布图

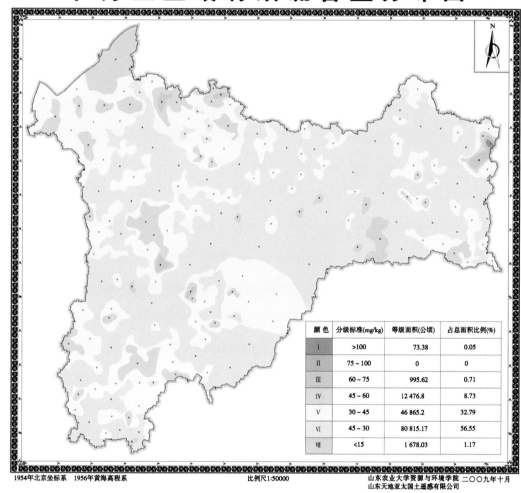

颜 色	分级标准(mg/kg)	等级面积(公顷)	占总面积比例(%)
I	>100	73.38	0.05
II	75～100	0	0
III	60～75	995.62	0.71
IV	45～60	12 476.8	8.73
V	30～45	46 865.2	32.79
VI	45～30	80 815.17	56.55
VII	<15	1 678.03	1.17

1954年北京坐标系　1956年黄海高程系　　　　　　　比例尺1:50000　　　　　　　山东农业大学资源与环境学院　二〇〇九年十月
山东天地亚太国土遥感有限公司

牡丹区土壤有效锰含量分布图

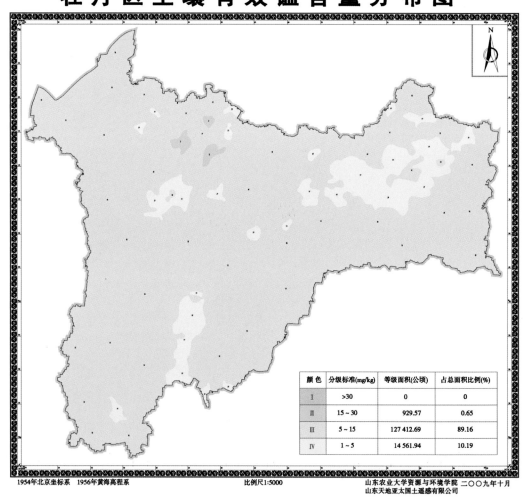

颜色	分级标准(mg/kg)	等级面积(公顷)	占总面积比例(%)
Ⅰ	>30	0	0
Ⅱ	15~30	929.57	0.65
Ⅲ	5~15	127 412.69	89.16
Ⅳ	1~5	14 561.94	10.19

1954年北京坐标系　1956年黄海高程系　　　　　　　比例尺1:5000　　　　　　　山东农业大学资源与环境学院　二〇〇九年十月
山东天地亚太国土遥感有限公司

牡丹区土壤有效钼含量分布图

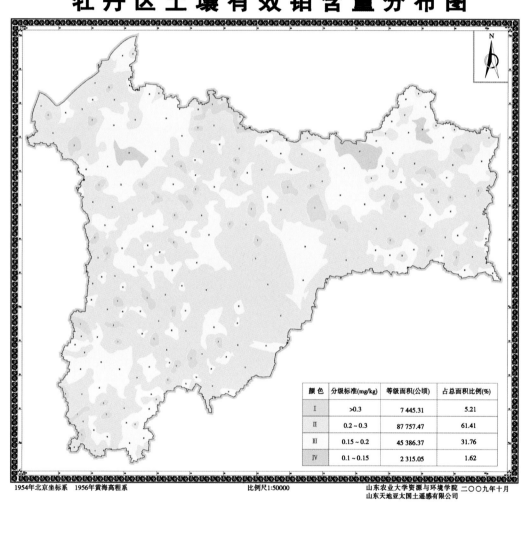

颜 色	分级标准(mg/kg)	等级面积(公顷)	占总面积比例(%)
Ⅰ	>0.3	7 445.31	5.21
Ⅱ	0.2~0.3	87 757.47	61.41
Ⅲ	0.15~0.2	45 386.37	31.76
Ⅳ	0.1~0.15	2 315.05	1.62

1954年北京坐标系 1956年黄海高程系   比例尺1:50000   山东农业大学资源与环境学院 二〇〇九年十月
                                                            山东天地亚太国土遥感有限公司

牡丹区土壤有效硼含量分布图

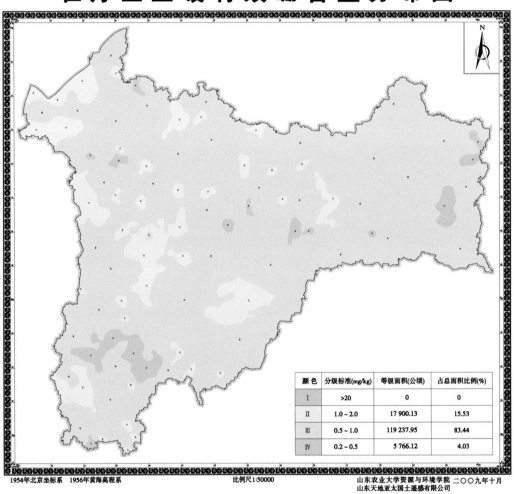

颜 色	分级标准(mg/kg)	等级面积(公顷)	占总面积比例(%)
Ⅰ	>20	0	0
Ⅱ	1.0 ~ 2.0	17 900.13	15.53
Ⅲ	0.5 ~ 1.0	119 237.95	83.44
Ⅳ	0.2 ~ 0.5	5 766.12	4.03

1954年北京坐标系　1956年黄海高程系　　　　　比例尺1:50000　　　　　山东农业大学资源与环境学院　二〇〇九年十月
山东天地亚太国土遥感有限公司

牡 丹 区 土 壤 有 效 铁 含 量 分 布 图

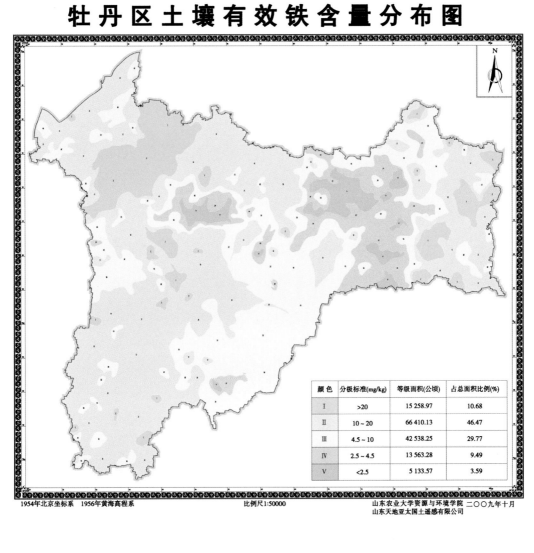

颜 色	分级标准(mg/kg)	等级面积(公顷)	占总面积比例(%)
I	>20	15 258.97	10.68
II	10～20	66 410.13	46.47
III	4.5～10	42 538.25	29.77
IV	2.5～4.5	13 563.28	9.49
V	<2.5	5 133.57	3.59

1954年北京坐标系　1956年黄海高程系　　　　　比例尺1:50000　　　　　山东农业大学资源与环境学院　二○○九年十月
山东天地亚太国土遥感有限公司

牡丹区土壤有效铜含量分布图

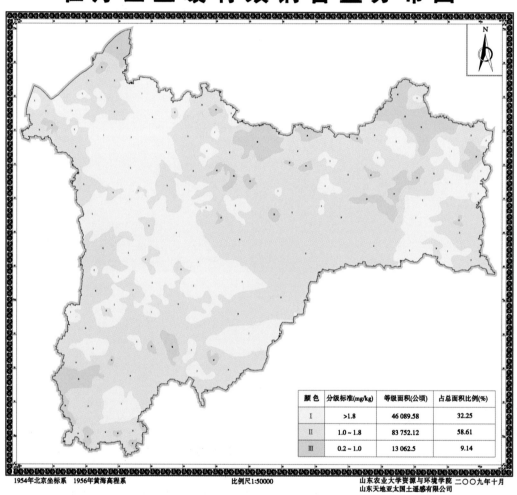

颜 色	分级标准(mg/kg)	等级面积(公顷)	占总面积比例(%)
Ⅰ	>1.8	46 089.58	32.25
Ⅱ	1.0～1.8	83 752.12	58.61
Ⅲ	0.2～1.0	13 062.5	9.14

1954年北京坐标系　1956年黄海高程系　　　　比例尺1:50000　　　　山东农业大学资源与环境学院　二〇〇九年十月
山东天地亚太国土遥感有限公司

18

牡 丹 区 土 壤 有 效 锌 含 量 分 布 图

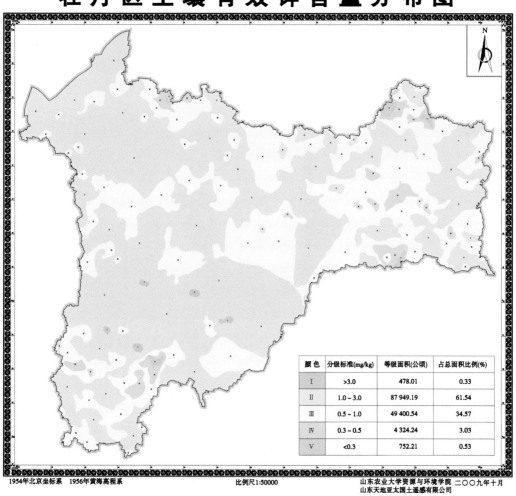

颜 色	分级标准(mg/kg)	等级面积(公顷)	占总面积比例(%)
I	>3.0	478.01	0.33
II	1.0～3.0	87 949.19	61.54
III	0.5～1.0	49 400.54	34.57
IV	0.3～0.5	4 324.24	3.03
V	<0.3	752.21	0.53

1954年北京坐标系　1956年黄海高程系　　　　　比例尺1:50000　　　　　山东农业大学资源与环境学院　二〇〇九年十月
山东天地亚太国土遥感有限公司

19

牡丹区土壤有机质含量分布图

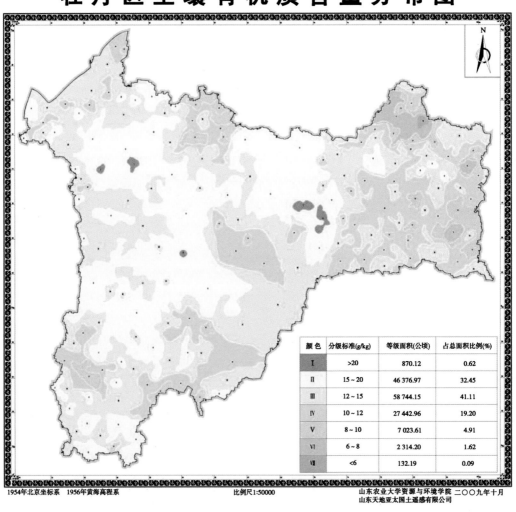

颜色	分级标准(g/kg)	等级面积(公顷)	占总面积比例(%)
I	>20	870.12	0.62
II	15～20	46 376.97	32.45
III	12～15	58 744.15	41.11
IV	10～12	27 442.96	19.20
V	8～10	7 023.61	4.91
VI	6～8	2 314.20	1.62
VII	<6	132.19	0.09

1954年北京坐标系　1956年黄海高程系　　　　比例尺1:50000　　　　山东农业大学资源与环境学院　二○○九年十月
山东天地亚太国土遥感有限公司